流水槽养殖

收　获

休闲渔业

鱼稻共生

工厂化鱼菜共生

冷水鱼养殖

池塘养殖

稻渔综合种养

2022

重庆渔业统计年鉴

重庆市水产技术推广总站　编

中国农业出版社

北　京

图书在版编目（CIP）数据

2022 重庆渔业统计年鉴／重庆市水产技术推广总站编 . —北京：中国农业出版社，2022.9
ISBN 978 - 7 - 109 - 29947 - 4

Ⅰ . ①2… Ⅱ . ①重… Ⅲ . ①渔业经济－统计资料－重庆－2022－年鉴 Ⅳ . ①F326.4 - 66

中国版本图书馆 CIP 数据核字（2022）第 161475 号

2022 重庆渔业统计年鉴

2022 CHONGQING YUYE TONGJI NIANJIAN

中国农业出版社出版

地址：北京市朝阳区麦子店街 18 号楼
邮编：100125
责任编辑：杨晓改
版式设计：杨　婧　责任校对：吴丽婷
印刷：中农印务有限公司
版次：2022 年 9 月第 1 版
印次：2022 年 9 月北京第 1 次印刷
发行：新华书店北京发行所
开本：787mm×1092mm　1/16
印张：8　插页：2
字数：250 千字
定价：98.00 元

本书编辑委员会

主　　任：莫　杰

副 主 任：秦大海　王　波　妙晓东　李　虹　张　鑫

主　　编：吴晓清

副 主 编：梅会清　翟旭亮　周春龙　薛　洋

参编人员（按姓氏笔画排序）：

马文峰　王　迪　王　玲　王定武　王春生

王信刚　冯　俊　吕　浩　朱远远　刘　丹

刘　军　刘　慧　刘明红　刘睿涵　江翠兰

孙贤英　李光明　杨　亚　肖吉峰　何洪宇

余传音　张长辉　张桂众　张皓迪　陈　卓

陈　银　陈文磊　范玉兰　尚卫敏　周士涛

周泽军　郑晓红　赵　杰　胡　伟　袁　野

袁锡立　黄　利　黄幼琴　梅建西　梁　威

雷登华　廖中好

编 辑 说 明

一、《重庆渔业统计年鉴》以正式出版年份标序。其统计数据起讫日期：
2021 年 1 月 1 日至 12 月 31 日。

二、统计数据中，数据来源于重庆市 39 个区县（高新区）。

三、主要统计指标数据执行 2017 年度国家统计局批准执行的统计指标体
系（国统制〔2017〕173 号）。

四、度量衡单位均采用国际统一标准计量单位。涉及水产品产量数字一
律采用 1996 年制定的水产品产量统计新标准统计。

五、部分数据合计数或相对数由于单位取舍不同而产生的计算误差，均
未做机械调整。

六、各表中的空格表示该项统计指标数据不足本表最小单位数、数据不
详或无该项数据。

七、本年鉴数据如有误列，敬请及时指正。

目 录

2021 年重庆市渔业统计情况综述

一、重庆渔业经济总产值和增加值

按当年价格计算，重庆渔业经济总产值 221.83 亿元。其中渔业产值 149.9 亿元；渔业工业和建筑业产值 13.18 亿元；渔业流通和服务业产值 58.76 亿元。

渔业产值中，淡水养殖产值 138.17 亿元，水产苗种产值 11.72 亿元（渔业产值以国家统计局核定为准）。

二、水产品产量、人均占有量及渔民家庭收入

全市水产品产量 545 343 吨，比上年增长 4.08%。其中，养殖产量 545 343 吨，捕捞产量 0 吨。全市水产品人均占有量 17.04 千克（人口按 3 200 万人计）。全市渔民家庭收入为 22 713 元，同比增长 13.79%。

在全市渔业生产中，淡水养殖产量 545 343 吨。其中，鱼类产量 525 366 吨，比上年增加 22 875 吨，增长 4.55%；甲壳类产量 12 514 吨，比上年增加 1 765 吨，增长 16.42%；贝类产量 82 吨，比上年增加 18 吨，增长 28.13%。淡水养殖鱼类产量中，草鱼最高，产量 127 483 吨；鲫鱼位居第二，产量 109 078 吨；鲢鱼位居第三，产量 104 998 吨。甲壳类产量中，虾类产量 11 927 吨，其中克氏原螯虾 10 725 吨；蟹类（专指河蟹）产量 587 吨，同比减少 30.04%。贝类产量中，螺 79 吨。其他类产量中，鳖产量 1 573 吨，比上年增加 171 吨，增长 12.2%；蛙产量 5 747 吨，比去年增加 1 632 吨，增长 39.66%。

由于长江全面禁渔，捕捞渔船全部上岸，所以淡水捕捞产量为零。

三、水产养殖面积

全市水产养殖面积 84 356 公顷，比上年增加 1 386 公顷，增长 1.67%。其中，池塘养殖面积 49 697 公顷，比上年增加 1 082 公顷，增长 2.23%；水库养殖面积 34 554 公顷，比上年增加 1 243 公顷，增长 3.73%；稻田养成鱼面积 24 077 公顷，比上年增加 1 913 公顷，增长 8.63%；其他面积为 105 公顷，主要是指设施渔业的面积。池塘、水库和其他养殖方式面积分别占淡水养殖总面积的 58.9%、40.96%、0.15%。

四、主要水产品苗种

淡水鱼苗 87 亿尾，较上年（91.1 亿尾）减少 4.5%。其中，罗非鱼 1.3 亿尾，较上

年减少 25.71%。淡水鱼种 85 153 吨，较上年（87 651 吨）减少 2 498 吨，减少 2.85%。投入鱼种 103 819 吨，较上年（104 154 吨）减少 335 吨，减少 0.32%。虾类育苗 3.9 亿尾，跟上年持平。

五、水产品加工

加工企业 10 个，规模以上加工企业 3 个。水产品加工总量 780 吨，比上年同期（584 吨）增加 196 吨，同比增长 33.56%。其中，冷冻加工品 78 吨，比上年（68 吨）增了 10 吨；用于加工的水产品量 1 243 吨，比上年同期（1 072 吨）增加了 171 吨，增长 15.95%。

六、渔船拥有量

年末渔船总数 289 艘、总吨 1 202，比上年渔船总数减少 2 486 艘、总吨减少 6 761，分别降低 89.6%、84.8%。其中，机动渔船 151 艘、总吨 1 164、总功率 9 775 千瓦；非机动渔船 138 艘、总吨 38。机动渔船中，生产渔船（均为养殖渔船）31 艘、总吨 244、总功率 422 千瓦。辅助渔船中，辅助捕捞船 7 艘，总吨 60，总功率 98 千瓦；渔业执法船 131 艘，总吨 860，总功率 9 255 千瓦。

七、渔业人口和渔业从业人员

渔业人口 37.85 万人，比上年减少 2.33 万人，减少 5.8%。渔业从业人员 30.23 万人，比上年减少 3.24 万人，减少 9.69%。

八、渔业灾情

全年由于渔业灾情造成水产品总量损失 3 429 吨，经济损失 6 885 万元，较上年分别减少 1 823 吨（减少 34.71%）、3 664 万元（减少 34.73%）。其中，受灾养殖面积 1 398 公顷，较上减少 726 公顷，减少 34.18%；无重大人员伤亡。

2021年重庆市主要统计指标统计图

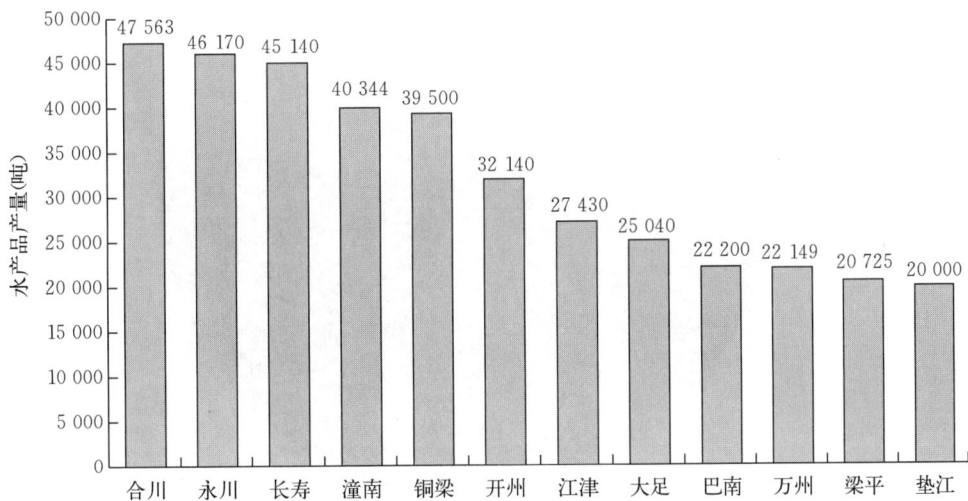

图 1 2021 年重庆市水产品产量超过 2 万吨的区县

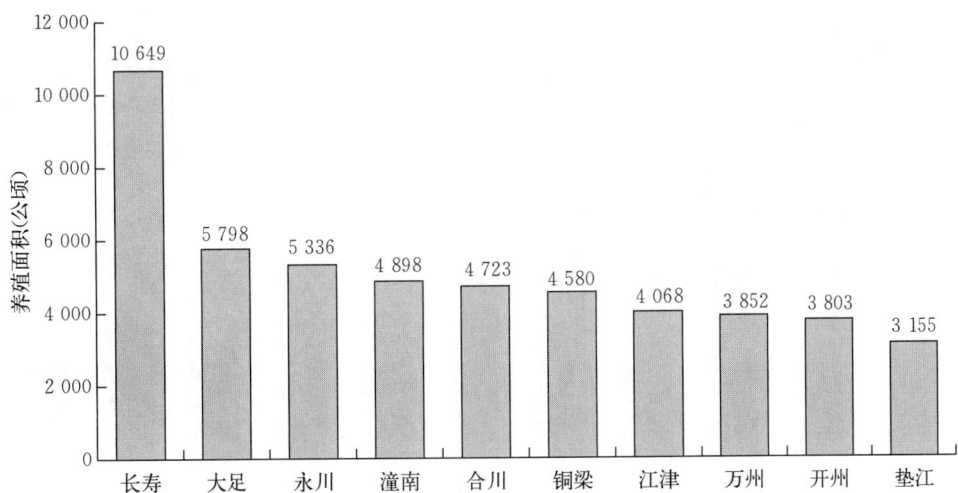

图 2 2021 年重庆市养殖面积前十区县

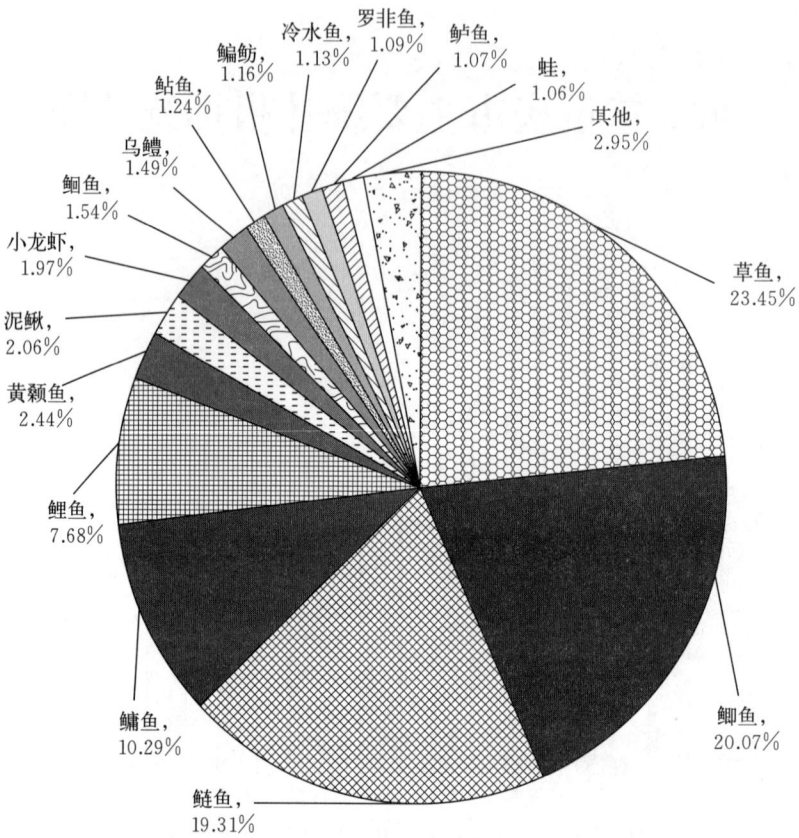

图 3　2021 年重庆市主要淡水养殖品种构成

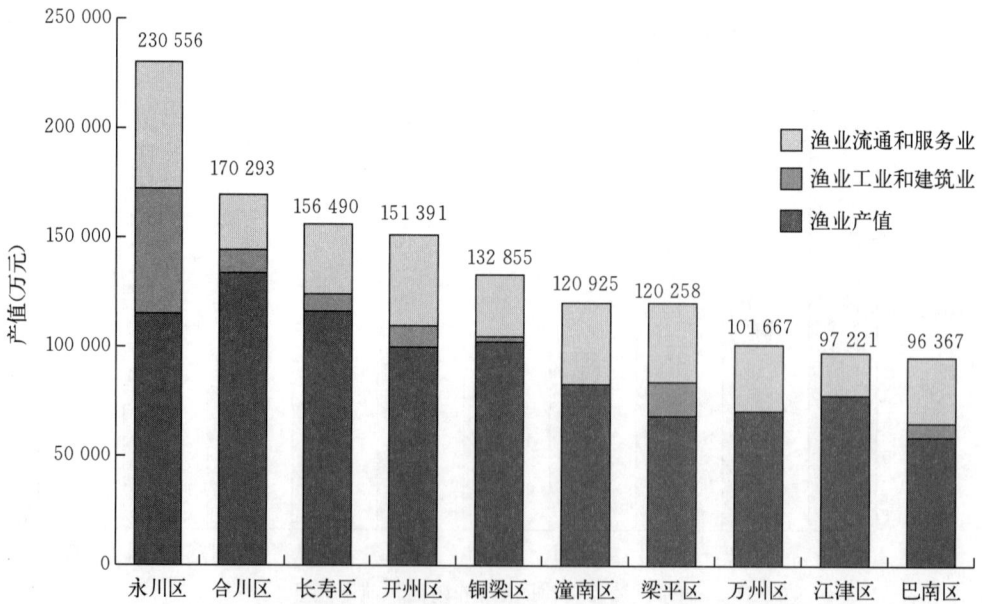

图 4　2021 年重庆市渔业产值前十区县

第一部分

主要指标及增减情况

全市水产品产量增减情况

指 标	2021 年 （吨）	2020 年 （吨）	2021 年比 2020 年增减	
			绝对量（吨）	幅度（％）
水产品总产量	545 343	523 976	21 367	4.08
内陆水产品	545 343	523 976	21 367	4.08
内陆捕捞		5 140	−5 140	−100
内陆养殖	545 343	518 836	26 507	5.1
捕捞产品中：				
鱼类		4 462	−4 462	−100
甲壳类		592	−592	−100
贝类		86	−86	−100
藻类				
其他类				
养殖产品中：				
鱼类	525 366	502 491	22 875	4.55
甲壳类	12 514	10 749	1 765	16.42
贝类	82	64	18	28.1
藻类				
其他类	7 381	5 532	1 849	33.42

全市内陆捕捞水产品产量增减情况

指 标	2021 年 （吨）	2020 年 （吨）	2021 年比 2020 年增减	
			绝对量（吨）	幅度（％）
内陆捕捞产量		5 140	−5 140	−100
一、鱼类		4 462	−4 462	−100
二、甲壳类		592	−592	−100
虾		517	−517	−100
蟹		75	−75	−100
三、贝类		86	−86	−100
四、藻类				
五、其他类				
其中：丰年虫				

全市内陆养殖水产品产量增减情况

指　标	2021 年（吨）	2020 年（吨）	2021 年比 2020 年增减	
			绝对量（吨）	幅度（%）
内陆养殖产量	545 343	518 836	26 507	5.1
一、鱼类	525 366	502 491	22 875	4.55
二、甲壳类	12 514	10 749	1 765	16.42
虾	11 927	9 910	2 017	20.35
其中：罗氏沼虾	213	165	48	29.1
青虾	211	62	149	240
克氏原螯虾	10 725	9 218	1 507	16.35
南美白对虾	604	412	192	46.6
蟹（河蟹）	587	839	−252	−30
三、贝类	82	64	18	28.1
其中：河蚌	3	4	−1	−25
螺	79	60	19	31.67
蚬				
四、藻类（螺旋藻）				
五、其他类	7 381	5 532	1 849	33.42
其中：龟	61	14	47	336
鳖	1 573	1 402	171	12.2
蛙	5 747	4 115	1 632	39.66
珍珠（千克）		30	−30	−100
六、观赏鱼（万条）	16 253	15 245	1 008	6.66

全市内陆养殖主要鱼类产量增减情况

指　标	2021 年（吨）	2020 年（吨）	2020 年比 2019 年增减	
			绝对量（吨）	幅度（%）
青鱼	2 350	2 178	172	7.90
草鱼	127 483	111 861	15 622	13.97
鲢鱼	104 998	102 491	2 507	2.45
鳙鱼	55 963	51 038	4 925	9.65
鲤鱼	41 749	41 988	−239	−0.57
鲫鱼	109 078	111 002	−1 924	−1.73
鳊鲂	6 285	5 546	739	13.32
泥鳅	11 224	15 500	−4 276	−27.59
鲇鱼	6 755	7 805	−1 050	−13.45
鮰鱼	8 393	8 388	5	0.06
黄颡鱼	13 248	10 344	2 904	28.07
鲑鱼	22	93	−71	−76.34
鳟鱼	1 203	1 555	−352	−22.64
短盖巨脂鲤	64	72	−8	−11.11
长吻鮠	2 984	2 859	125	4.37
黄鳝	869	789	80	10.14
鳜鱼	478	686	−208	−30.32
鲈鱼	5 815	4 635	1 180	25.46
乌鳢	8 121	8 527	−406	−4.76
罗非鱼	5 936	5 889	47	0.80
鲟鱼	4 169	3 028	1 141	37.68
大鲵	227	280	−53	−18.93
翘嘴红鲌	3 529	2 637	892	33.83
中华倒刺鲃	916	873	43	4.93
胭脂鱼	619	294	325	110.54
岩原鲤	196	195	1	0.51
白甲鱼	11	9	2	22.22
丁𩾌	613	720	−107	−14.86
裂腹鱼	521	469	52	11.09

全市各区县水产品产量及增减情况（一）

单位：吨

| 地 区 | 2021年 | | | | | | |
	总产量	捕捞产品	鱼类	甲壳类	养殖产品	鱼类	甲壳类
全市总计	545 343				545 343	525 366	12 514
万州区	22 149				22 149	21 628	230
涪陵区	17 275				17 275	17 144	41
大渡口	160				160	160	
江北区	135				135	130	
沙坪坝	5 001				5 001	5 000	
九龙坡	2 300				2 300	2 294	5
南岸区	982				982	982	
北碚区	4 223				4 223	4 152	
綦江区	12 030				12 030	11 278	250
大足区	25 040				25 040	23 916	911
渝北区	8 021				8 021	7 160	57
巴南区	22 200				22 200	21 778	208
黔江区	3 711				3 711	3 204	448
长寿区	45 140				45 140	44 178	658
江津区	27 430				27 430	26 280	470
合川区	47 563				47 563	47 143	158
永川区	46 170				46 170	44 990	702
南川区	12 833				12 833	12 680	65
璧山区	12 006				12 006	11 754	147
铜梁区	39 500				39 500	37 010	1 730
潼南区	40 344				40 344	36 435	3 819
荣昌区	11 150				11 150	11 148	
开州区	32 140				32 140	30 995	460
梁平区	20 725				20 725	20 403	305
武隆区	5 185				5 185	4 627	205
城口县	577				577	575	
丰都县	10 046				10 046	10 037	3
垫江县	20 000				20 000	19 752	183
忠 县	18 600				18 600	17 740	610
云阳县	11 539				11 539	11 413	13
奉节县	3 916				3 916	3 916	
巫山县	624				624	614	8
巫溪县	1 258				1 258	1 170	10
石柱县	4 580				4 580	4 417	50
秀山县	5 600				5 600	4 190	690
酉阳县	1 810				1 810	1 743	31
彭水县	425				425	400	25
万盛区	1 450				1 450	1 435	12
高新区	1 505				1 505	1 495	10

全市各区县水产品产量及增减情况（二）

单位：吨

地　区	2020 年						
	总产量	捕捞产品	鱼类	甲壳类	养殖产品	鱼类	甲壳类
全市总计	523 976	5 140	4 462	592	518 836	502 491	10 749
万州区	21 149	69	50	19	21 080	20 694	251
涪陵区	17 100	100	100		17 000	16 800	50
大渡口	176				176	176	
江北区	125				125	120	
沙坪坝	4 788				4 788	4 788	
九龙坡	3 956				3 956	3 945	10
南岸区	987				987	987	
北碚区	4 202				4 202	4 131	
綦江区	12 044	168	168		11 876	11 174	50
大足区	22 430	2	1	1	22 428	21 417	820
渝北区	7 200				7 200	7 130	31
巴南区	21 471	191	47	87	21 280	20 918	237
黔江区	2 785	90	89	1	2 695	2 320	348
长寿区	44 173				44 173	43 899	193
江津区	26 423				26 423	25 483	394
合川区	46 178	18	17	1	46 160	45 785	135
永川区	44 692				44 692	43 691	695
南川区	12 110	42	42		12 068	11 694	287
璧山区	14 014	56	56		13 958	13 690	150
铜梁区	37 992	834	828	4	37 158	34 883	1 530
潼南区	38 818	289	281	8	38 529	34 866	3 578
荣昌区	11 157	157	157		11 000	10 998	
开州区	30 808	628	528	100	30 180	29 015	505
梁平区	19 742	119	86	7	19 623	19 320	286
武隆区	4 683	415	393	22	4 268	3 715	202
城口县	448				448	448	
丰都县	9 583	26	26		9 557	9 555	
垫江县	19 102	52	52		19 050	19 032	18
忠　县	17 000	800	582	218	16 200	15 470	455
云阳县	10 528	628	573	55	9 900	9 878	5
奉节县	3 959	59	34	25	3 900	3 900	
巫山县	628	57	42	15	571	567	2
巫溪县	1 248	3	3		1 245	1 131	6
石柱县	3 900	52	31	21	3 848	3 728	40
秀山县	4 760	60	60		4 700	3 823	425
酉阳县	1 730	140	131	8	1 590	1 543	21
彭水县	487	85	85		402	382	20
万盛区	1 400				1 400	1 395	5
高新区							

全市各区县水产品产量及增减情况（三）

单位：吨

地　区	2021 年比 2020 年增减						
	总产量	捕捞产品	鱼类	甲壳类	养殖产品	鱼类	甲壳类
全市总计	21 367	−5 140	−4 462	−592	26 507	22 875	1 765
万州区	1 000	−69	−50	−19	1 069	934	−21
涪陵区	175	−100	−100		275	344	−9
大渡口	−16				−16	−16	
江北区	10				10	10	
沙坪坝	213				213	212	
九龙坡	−1 656				−1 656	−1 651	−5
南岸区	−5				−5	−5	
北碚区	21				21	21	
綦江区	−14	−168	−168		154	104	200
大足区	2 610	−2	−1	−1	2 612	2 499	91
渝北区	821				821	30	26
巴南区	729	−191	−47	−87	920	860	−29
黔江区	926	−90	−89	−1	1 016	884	100
长寿区	967				967	279	465
江津区	1 007				1 007	797	76
合川区	1 385	−18	−17	−1	1 403	1 358	23
永川区	1 478				1 478	1 299	7
南川区	723	−42	−42		765	986	−222
璧山区	−2 008	−56	−56		−1 952	−1 936	−3
铜梁区	1 508	−834	−828	−4	2 342	2 127	200
潼南区	1 526	−289	−281	−8	1 815	1 569	241
荣昌区	−7	−157	−157		150	150	
开州区	1 332	−628	−528	−100	1 960	1 980	−45
梁平区	983	−119	−86	−7	1 102	1 083	19
武隆区	502	−415	−393	−22	917	912	3
城口县	129				129	127	
丰都县	463	−26	−26		489	482	3
垫江县	898	−52	−52		950	720	165
忠　县	1 600	−800	−582	−218	2 400	2 270	155
云阳县	1 011	−628	−573	−55	1 639	1 535	8
奉节县	−43	−59	−34	−25	16	16	
巫山县	−4	−57	−42	−15	53	47	6
巫溪县	10	−3	−3		13	39	4
石柱县	680	−52	−31	−21	732	689	10
秀山县	840	−60	−60		900	367	265
酉阳县	80	−140	−131	−8	220	200	10
彭水县	−62	−85	−85	−19	23	18	5
万盛区	50				50	40	7
高新区	1 505				1 505	1 495	10

全市水产养殖产量、面积和单产增减情况

指　标		产　量（吨）	面　积	单　产	2020 年比 2019 年增减		
					产　量（吨）	面　积	单　产
内陆养殖		545 343	84 355 公顷	6 215 千克/公顷	26 507	1 385 公顷	−38 千克/公顷
按水域分	池塘养殖	475 365	49 697 公顷	9 565 千克/公顷	10 885	1 082 公顷	11 千克/公顷
	湖泊养殖						
	水库养殖	48 244	34 554 公顷	1 396 千克/公顷	6 548	1 243 公顷	−9 千克/公顷
	河沟养殖				−1 500	−1 004 公顷	−1 494 千克/公顷
	其他养殖	5 566	104.83 公顷	53 095 千克/公顷	4 816	64.83 公顷	34 345 千克/公顷
	稻田养成鱼	16 168	24 077 公顷	672 千克/公顷	5 758	1 913 公顷	202 千克/公顷
其中：集约化养殖方式	围栏						
	网箱						
	工厂化	742	39 520 米³	18.78 千克/米³	394	−7 480 米³	11.37 千克/米³

全市各区县水产养殖面积增减情况

单位：公顷

地 区	2021年				2021年比2020年增减绝对量			
	总面积	池塘	湖泊	水库	总面积	池塘	湖泊	水库
全市总计	84 355.49	49 696.93		34 553.73	1 385.49	1 081.93		1 242.73
万州区	3 852.00	2 416.00		1 436.00	29.00	29.00		
涪陵区	2 676.60	1 670.00		1 000.00	−111.40	382.00		−500.00
大渡口	14.00	14.00			−1.00	−1.00		
江北区	14.00	14.00						
沙坪坝	315.00	164.00		151.00	−20.00	−20.00		
九龙坡	480.10	391.00		89.00	−264.90	−87.00		−178.00
南岸区	138.00	138.00			62.00	62.00		
北碚区	363.00	279.00		84.00	38.00			38.00
綦江区	1 677.00	914.00		763.00	405.00	1.00		404.00
大足区	5 798.00	2 839.00		2 959.00	1 129.00	259.00		870.00
渝北区	1 503.00	705.00		798.00	6.00	6.00		
巴南区	2 384.00	1 657.00		727.00		−1.00		1.00
黔江区	1 164.00	463.00		701.00	243.00	163.00		80.00
长寿区	10 648.67	2 126.59		8 479.82	74.67	121.59		−89.18
江津区	4 068.13	3 222.00		846.00	0.13			
合川区	4 722.56	3 875.00		845.00	2.56			
永川区	5 336.14	3 992.00		1 344.00	0.14			
南川区	1 927.00	892.00		1 035.00				
璧山区	2 550.00	1 416.00		1 134.00	−50.00	−50.00		
铜梁区	4 580.31	3 841.55		737.16	−268.69	69.55		−299.84
潼南区	4 898.00	3 928.00		970.00				
荣昌区	1 673.00	1 333.00		340.00	−78.00	−78.00		
开州区	3 803.00	2 831.00		972.00				
梁平区	2 366.00	1 579.00		787.00	88.00			88.00
武隆区	566.00	289.00		274.00	22.00	9.00		10.00
城口县	602.00	22.00		580.00	2.00	2.00		
丰都县	2 832.17	1 278.88		1 543.72	−42.83	−52.12		−0.28
垫江县	3 155.16	2 359.46		795.70	−4.84	−0.54		−4.30
忠 县	2 280.00	1 580.00		700.00	−582.00	427.00		−5.00
云阳县	2 883.50	1 717.00		1 165.00	−1.50	−2.00		−1.00
奉节县	644.00	247.00		392.00	349.00	26.00		318.00
巫山县	209.00	108.00		101.00				
巫溪县	695.27	98.45		587.33	−22.73	−32.55		0.33
石柱县	726.00	365.00		361.00		−361.00		361.00
秀山县	1 780.00	444.00		1 316.00	70.00	50.00		
酉阳县	465.88	81.00		383.00	3.88	2.00		
彭水县	114.00	113.00			2.00	1.00		
万盛区	144.00	137.00		7.00				
高新区	307.00	157.00		150.00	307	157		150

全市水产苗种增减情况

指 标	计量单位	2021 年	2020 年	2021 年比 2020 年增减	
				绝对量	幅度（%）
淡水鱼苗产量	万尾	835 128	870 202	−35 074	−4.03
其中：罗非鱼	万尾	1 082	13 100	−12 018	−91.74
大鲵	万尾		30	30	−100
翘嘴红鲌	万尾		1 340	−1 340	−100
淡水鱼种	吨	80 394	85 153	−2 498	−2.85
投放鱼种	吨	104 137	103 819	−335	−0.32
河蟹育苗	千克			−100	
扣 蟹	千克				
稚鳖数量	千只	618	738	−76	−9.34
稚龟数量	千只	17	15	3	25.00
虾类育苗	万尾	45 491	39 196	306	0.79
其中：南美白对虾	万尾	3 306		3 306	100

全市水产加工增减情况

指　标	计量单位	2021年	2020年	2021年比2020年增减	
				绝对量	幅度（％）
一、水产加工企业	个	10	8	2	25
水产品加工能力	吨/年	3 565	3 895	−330	−8.45
规模以上加工企业	个	3	4	−1	−25
二、水产冷库	座	17	22	−5	−22.72
冻结能力	吨/日	12 882	12 850	32	0.25
冷藏能力	吨/次	5 237	5 662	−425	7.5
制冰能力	吨/日	76	38	38	100
三、水产加工品总量	吨	780	543	237	43.65
其中：淡水加工产品	吨	780	543	237	43.65
海水加工产品	吨				
（一）水产品冷冻	吨	438	301	137	45.5
其中：冷冻品	吨	360	230	130	56.5
冷冻加工品	吨	78	71	7	9.9
（二）鱼糜制品及干腌制品	吨	192	227	−35	−15.4
其中：鱼糜制品	吨	3	3	0	0
干制品	吨	189	224	−35	−15.62
（三）藻类加工品	吨				
（三）罐制品	吨		15	−15	−100
（五）水产饲料（鱼粉）	吨				
（六）鱼油制品	吨				
（六）其他水产品加工品	吨				
其中：助剂和添加剂	吨				
珍珠	千克				
四、用于加工的水产品量	吨	1 243	951	292	30.7
其中：淡水产品	吨	70	951	−881	−92.64
海水产品	吨				

全市各区县水产加工增减情况

地 区	2021 年（吨）		2021 年比 2020 年增减			
			绝对量（吨）		幅度（％）	
	总量	淡水加工产品	总量	淡水加工产品	总量	淡水加工产品
全市总计	780	780	196	196	33.56	33.56
万州区						
涪陵区						
大渡口						
江北区						
沙坪坝						
九龙坡						
南岸区						
北碚区						
綦江区						
大足区						
渝北区						
巴南区						
黔江区						
长寿区	6	6	−17	−17	−73.9	−73.9
江津区			−10	−10	−100	−100
合川区						
永川区						
南川区						
璧山区						
铜梁区						
潼南区						
荣昌区						
开州区	48	48				
梁平区	100	100	52	52	108	108
武隆区	176	176	4	4	2.32	2.32
城口县						
丰都县						
垫江县						
忠　县	300	300	20	20	7.14	7.14
云阳县	150	150	150	150		
奉节县						
巫山县			−3	−3	−100	−100
巫溪县						
石柱县						
秀山县						
酉阳县						
彭水县						
万盛区						
高新区						

全市渔业经济总产值及增减情况

单位：万元

指　标	产值（按当年价格计算）		
	2021 年	2020 年	2021 年比 2020 年增减绝对量
渔业经济总产值	2 218 312.98	1 858 801	359 512
一、渔业	1 498 951.1	1 195 169	303 782.1
内陆捕捞		37 350	−37 350
内陆养殖	1 381 702	1 035 774	345 928
水产苗种	117 249.1	122 045	−4 795.9
二、渔业工业和建筑业	131 762	117 129	14 633
水产品加工	6 224	9 373	−3 149
渔用机具制造	1 440	1 553	−113
其中：渔船渔机修造	135	260	−125
渔用绳网制造	635	605	30
渔用饲料	107 236	89 716	17 520
渔用药物	1 254	1 595	−341
建筑业	15 292	14 449	843
其他	316	443	−127
三、渔业流通和服务业	587 599.88	546 503	41 096.88
水产流通	315 396.45	303 850	11 546.45
水产（仓储）运输	43 314.5	40 237	3 077.5
休闲渔业	225 268	191 792	33 476
其他	3 620.93	10 624	−7 003.07

全市各区县渔业产值增减情况

单位：万元

地 区	2021 年		2020 年		2021 年比 2020 年增减绝对量	
	渔业经济总产值	渔业产值	渔业经济总产值	渔业产值	渔业经济总产值	渔业产值
全市总计	2 218 313	1 498 951	1 858 801	1 195 169	359 512	303 782
万州区	101 667	70 267	87 749	56 799	13 918	13 468
涪陵区	91 046	59 466	76 899	47 859	14 147	11 607
大渡口	622	441	588	393	34	48
江北区	43 638	571	47 024	431	−3 386	140
沙坪坝	30 312	9 567	27 470	7 542	2 842	2 025
九龙坡	12 383	7 878	17 588	10 914	−5 205	−3 036
南岸区	3 866	2 313	4 097	1 748	−231	565
北碚区	11 220	8 782	9 238	6 968	1 982	1 814
綦江区	34 462	25 898	31 201	21 916	3 261	3 982
大足区	96 303	77 536	73 176	55 400	23 127	22 136
渝北区	58 466	19 834	51 096	14 555	7 370	5 279
巴南区	96 367	58 935	86 396	47 300	9 971	11 635
黔江区	15 837	9 274	8 299	6 160	7 538	3 114
长寿区	156 409	115 641	135 203	91 884	21 206	23 757
江津区	97 221	78 211	77 202	62 302	20 019	15 909
合川区	170 293	134 196	152 414	117 068	17 879	17 128
永川区	230 556	114 901	184 867	91 788	45 689	23 113
南川区	35 051	30 366	26 140	21 917	8 911	8 449
璧山区	40 422	32 788	38 045	30 369	2 377	2 419
铜梁区	132 885	102 889	104 151	82 021	28 734	20 868
潼南区	120 925	82 918	101 583	65 160	19 342	17 758
荣昌区	39 188	36 505	32 297	29 563	6 891	6 942
开州区	151 391	100 484	131 415	80 413	19 976	20 071
梁平区	120 258	68 110	98 029	57 796	22 229	10 314
武隆区	17 826	14 525	13 457	10 265	4 369	4 260
城口县	2 643	2 118	1 573	1 355	1 070	763
丰都县	41 220	36 904	33 735	27 772	7 485	9 132
垫江县	53 511	43 797	44 642	35 019	8 869	8 778
忠 县	78 087	47 837	65 467	36 367	12 620	11 470
云阳县	43 001	35 651	32 838	26 907	10 163	8 744
奉节县	10 441	8 888	10 170	8 626	271	262
巫山县	3 589	2 981	2 791	2 444	798	537
巫溪县	4 732	3 192	6 361	2 961	−1 629	231
石柱县	21 256	19 916	13 039	13 001	8 217	6 915
秀山县	26 002	17 452	19 725	12 631	6 277	4 821
酉阳县	7 847	7 198	6 234	5 613	1 613	1 585
彭水县	3 067	1 967	2 854	1 704	213	263
万盛区	5 149	3 599	3 748	2 238	1 401	1 361
高新区	9 155	5 155			9 155	5 155

全市渔业船舶增减情况

指　　标	艘	总吨	千瓦	2021 年比 2020 年增减绝对量		
				艘	总吨	千瓦
渔业船舶拥有量	289	1 202	9 775	−2 586	−6 761	−22 874
机动渔船	151	1 164	9 775	−2 199	−6 504	−22 874
生产渔船	31	244	422	−2 113	−6 312	−23 171
捕捞渔船（按功率分）				−2 092	−6 294	−22 996
441 千瓦以上（600 马力以上）						
45～440 千瓦（61～599 马力）						
44 千瓦以下（60 马力以下）				−2 092	−6 294	−22 996
养殖渔船	31	244	422	−21	−18	−175
辅助渔船	120	920	9 353	−86	−192	297
捕捞辅助船	7	60	98	−119	−368	−1 140
渔业执法船	113	860	9 255	33	176	1 437
机动渔船（按船长分）						
24 米（包括 24 米）以上	3	180	1 595	2	130	1 289
12～24 米（包括 12 米）	74	727	3 846	72	597	3 060
12 米以下	74	257	4 334	−1 721	−4 232	−16 646
非机动渔船	138	38		−287	−257	

全市渔业人口与从业人员增减情况

指　　标	计量单位	2021 年	2020 年	2021 年比 2020 年增减	
				绝对量	幅度（%）
一、渔业乡	个				
二、渔业村	个	5	6	−1	−16.67
三、渔业户	户	101 725	121 316	−19 591	−16.15
四、渔业人口	人	378 491	401 803	−23 312	−5.80
其中：传统渔民	人	280	6 680	−6 400	−95.81
五、渔业从业人员	人	302 252	334 694	−32 442	−9.69
（一）专业从业人员	人	140 189	168 257	−28 068	−16.68
其中：女性	人	47 234	55 401	−8 167	−14.74
1. 捕捞	人	865	5 632	−4 767	−84.64
2. 养殖	人	126 530	150 292	−23 762	−15.81
3. 其他	人	12 794	12 333	461	3.74
（二）兼业从业人员	人	118 738	119 871	−1 133	−0.95
其中：女性	人	30 618	34 456	−3 838	−11.14
（三）临时从业人员	人	43 325	46 566	−3 241	−6.96
其中：女性	人	10 791	16 703	−5 912	35.39

第二部分

水产品产量

全市各区县内陆捕捞水产品产量

（按类别分）

单位：吨

地 区	产量合计	按产品类别分							
		1. 鱼类	2. 甲壳类			3. 贝类	4. 藻类	5. 其他类	
				虾	蟹				丰年虫
全市总计									
万州区									
涪陵区									
大渡口									
江北区									
沙坪坝									
九龙坡									
南岸区									
北碚区									
綦江区									
大足区									
渝北区									
巴南区									
黔江区									
长寿区									
江津区									
合川区									
永川区									
南川区									
璧山区									
铜梁区									
潼南区									
荣昌区									
开州区									
梁平区									
武隆区									
城口县									
丰都县									
垫江县									
忠 县									
云阳县									
奉节县									
巫山县									
巫溪县									
石柱县									
秀山县									
酉阳县									
彭水县									
万盛区									
高新区									

全市各区县内陆养殖水产品产量（一）

（按品种分）

单位：吨

地 区	产量合计	1. 鱼类	青鱼	草鱼	鲢鱼	鳙鱼	鲤鱼	鲫鱼
全市总计	545 343	525 366	2 350	127 483	104 998	55 963	41 749	109 078
万州区	22 149	21 628		5 511	4 620	1 650	3 750	1 802
涪陵区	17 275	17 144	150	5 000	3 500	2 500	800	3 000
大渡口	160	160		71	78		3	8
江北区	135	130		45	60			25
沙坪坝	5 001	5 000	82	580	1 054	399	312	1 358
九龙坡	2 300	2 294		540	554	340	20	730
南岸区	982	982	2	268	347	48	21	293
北碚区	4 223	4 152	1	1 020	634	220	120	2 037
綦江区	12 030	11 278		4 145	1 260	1 005	469	3 475
大足区	25 040	23 916		7 501	3 914	2 929	865	8 266
渝北区	8 021	7 160	179	1 361	1 182	1 080	158	2 631
巴南区	22 200	21 778	409	6 099	4 800	2 657	1 515	5 321
黔江区	3 711	3 204		659	419	321	702	180
长寿区	45 140	44 178	86	10 187	11 016	8 101	1 131	7 991
江津区	27 430	26 280	13	7 490	4 980	2 980	2 029	5 770
合川区	47 563	47 143	515	11 586	12 366	4 252	1 307	8 642
永川区	46 170	44 990	127	7 116	9 124	3 375	923	20 597
南川区	12 833	12 680	58	3 175	2 098	1 859	1 263	2 839
璧山区	12 006	11 754		1 811	3 329	1 219	558	3 896
铜梁区	39 500	37 010	84	3 526	2 720	3 389	2 534	3 280
潼南区	40 344	36 435		9 529	8 187	2 605	5 243	5 586
荣昌区	11 150	11 148		1 443	2 058	1 180	1 075	3 205
开州区	32 140	30 995		15 545	6 300	2 700	2 000	2 700
梁平区	20 725	20 403		2 900	1 500	1 700	1 300	6 400
武隆区	5 185	4 627	14	1 657	546	169	880	181
城口县	577	575	15	62	99	48	10	6
丰都县	10 046	10 037		1 915	3 731	557	1 765	1 116
垫江县	20 000	19 752	5	5 217	4 388	2 517	3 915	3 443
忠　县	18 600	17 740	60	3 500	4 875	2 500	1 800	2 000
云阳县	11 539	11 413	450	2 250	2 730	1 880	2 250	590
奉节县	3 916	3 916		1 415	450	445	890	130
巫山县	624	614	4	159	40	48	158	40
巫溪县	1 258	1 170	29	417	104	24	108	60
石柱县	4 580	4 417	2	800	840	424	830	450
秀山县	5 600	4 190	28	1 780	390	320	650	70
酉阳县	1 810	1 743	16	278	289	146	269	58
彭水县	425	400	17	118	23	40	65	38
万盛区	1 450	1 435	4	587	98	106	41	484
高新区	1 505	1 495		220	295	230	20	380

全市各区县内陆养殖水产品产量（二）

（按品种分）

单位：吨

地　区	1. 鱼类（续）								
	鳊鲂	泥鳅	鲇鱼	鲴鱼	黄颡鱼	鲑鱼	鳟鱼	短盖巨脂鲤	长吻鮠
全市总计	6 285	11 224	6 755	8 393	13 248	22	1 203	64	2 984
万州区	350	450			1 280				580
涪陵区	400	100	100	500	550				50
大渡口									
江北区									
沙坪坝	300	11	112	78	82				
九龙坡					50				
南岸区					3				
北碚区	13	17	5	2	10		2		
綦江区	220	60	70	300	200				
大足区	8	292	12		5				
渝北区	108	83	46	32	72				
巴南区	7	101	22		54	1			639
黔江区	52	390	40	92	86				15
长寿区	326	477	161	81	2 710				3
江津区	160	380	240	280	590		16	2	90
合川区	594	310	3 010	1 154	1 623				165
永川区	316	668	138	1 382	219			62	25
南川区		832	35		51	21	23		
璧山区	98	255	48	61	57				
铜梁区	858	735	212	2 171	1 542				1 049
潼南区	1 128	1 450	1 710	630	200				
荣昌区	302	695	110	230	352				45
开州区		50			25		300		
梁平区	36	2 504	76	630	2 500		2		100
武隆区	8	405	8	23	23		2		8
城口县			1				300		
丰都县	1	9	11		12		145		
垫江县	5	30	70	1	29				
忠　县	360	350	300	350	400				200
云阳县	588	320	90	110	145				
奉节县					27		15		
巫山县	2		43	10	32				15
巫溪县		8	6	6	4		180		
石柱县	5	70	10		55		120		
秀山县	25	120	22	120	150				
酉阳县	10	34	26	150	40		98		
彭水县		3	1		20				
万盛区					50				
高新区	5	15	20						

全市各区县内陆养殖水产品产量（三）

（按品种分）

单位：吨

地 区	1. 鱼类（续）							
	黄鳝	鳜鱼	鲈鱼	乌鳢	罗非鱼	翘嘴红鲌	中华倒刺鲃	胭脂鱼
全市总计	869	478	5 815	8 121	5 936	3 529	916	619
万州区			750		85	120	135	80
涪陵区	50		150	40		100	44	100
大渡口								
江北区								
沙坪坝	5	2	3	3	480	48	78	
九龙坡				10	50			
南岸区								
北碚区					22	4	40	1
綦江区	12	2	20		12	3	8	12
大足区		1	22	30	70		1	
渝北区	5		32	38	19	77	46	
巴南区	7		6	8	104	4	21	2
黔江区	46		78	12			8	
长寿区	10	21	624		3	697		3
江津区	21	15	89	38	637	135	160	35
合川区	20	35	745	45	137	123	85	20
永川区	21	32	95	230	431	23	3	2
南川区		27						316
璧山区	64	1	77	49	222	7		
铜梁区		145	1 702	7 230	3 350	1 810	62	20
潼南区		47	8	99				
荣昌区	99	39		120	95	100		
开州区	15		10		10			
梁平区	170	29	300		15	170	50	4
武隆区			8			2	15	7
城口县								
丰都县	9		20				8	
垫江县	23	1			61	5	1	
忠 县	200	20	300	100	50	100	100	15
云阳县				1	2			619
奉节县								80
巫山县		1	20	5		1	5	100
巫溪县	6		9				1	
石柱县	32		100	2			10	
秀山县	50	15	260	55	40		10	
酉阳县	4	45	85	1			1	
彭水县			2					
万盛区					41		24	1
高新区			300	5				12

全市各区县内陆养殖水产品产量（四）

（按品种分）

单位：吨

地 区	1. 鱼类（续）					
	岩原鲤	白甲鱼	丁鱥	其中：冷水鱼		
				鲟鱼	大鲵	裂腹鱼
全市总计	196	11	613	4 169	227	521
万州区	60		350	25	30	
涪陵区				5	5	
大渡口						
江北区						
沙坪坝						
九龙坡						
南岸区						
北碚区				1	1	
綦江区	5					
大足区						
渝北区				10	1	
巴南区				1		
黔江区				100	4	
长寿区	1				2	
江津区	74		2	30	5	13
合川区	18	5	17	129		
永川区	3		26	42		
南川区	25				3	4
璧山区					1	
铜梁区				10	6	
潼南区		4		3	6	
荣昌区						
开州区				1 000	50	290
梁平区	4			13		
武隆区				653	12	6
城口县				8	1	12
丰都县				688		50
垫江县				40	1	
忠 县	6		150		4	
云阳县				2	5	
奉节县				510	19	15
巫山县		1	1	26	2	1
巫溪县		1		83	13	105
石柱县			60	580	2	25
秀山县			5	70	8	
酉阳县			2	68	45	
彭水县				72	1	
万盛区					227	521
高新区					30	

全市各区县内陆养殖水产品产量（五）

（按品种分）

单位：吨

地　区	2. 甲壳类	虾	罗氏沼虾	青虾	克氏原螯虾	南美白对虾	蟹（河蟹）
全市总计	12 514	11 927	213	211	10 725	604	587
万州区	230	142	85		45	12	88
涪陵区	41	38			38		3
大渡口							
江北区							
沙坪坝							
九龙坡	5	5			5		
南岸区							
北碚区							
綦江区	250	250			100	150	
大足区	911	910			910		1
渝北区	57	57	4				
巴南区	208	198			196	2	10
黔江区	448	402		4	394		46
长寿区	658	658			627		
江津区	470	457			396	61	13
合川区	158	158	15		45	98	
永川区	702	617	17		589	11	85
南川区	65	59	41	6	12		6
璧山区	147	147			147		
铜梁区	1 730	1 720	10		1 610	50	10
潼南区	3 819	3 801	9		3 792		18
荣昌区							
开州区	460	460			335	125	
梁平区	305	240	15		180	35	65
武隆区	205	33			33		172
城口县							
丰都县	3	3					
垫江县	183	183			183		
忠　县	610	570		200	350	20	40
云阳县	13	8		1	5	2	5
奉节县							
巫山县	8	8			8		
巫溪县	10	10			10		
石柱县	50	50			30		
秀山县	690	675	12		625	38	15
酉阳县	31	26	5		18		5
彭水县	25	25			25		
万盛区	12	12			12		
高新区	10	5			5		5

全市各区县内陆养殖水产品产量（六）

（按品种分）

地　区	3. 贝类（吨）	河蚌（吨）	螺（吨）	蚬（吨）	4. 藻类（螺旋藻）（吨）	5. 观赏鱼（条）
全市总计	82	3	79			162 528 081
万州区						5 800 000
涪陵区						
大渡口						
江北区						
沙坪坝						4 000 000
九龙坡						3 000 000
南岸区						610 000
北碚区						13 000
綦江区						840 000
大足区						22 501
渝北区	32		32			1 178 200
巴南区	3	3				12 950 000
黔江区						
长寿区						
江津区						5 260 000
合川区						145 000
永川区						1 189 240
南川区						
璧山区	27		27			1 005 360
铜梁区						125 000 000
潼南区						14 220
荣昌区						1 103 000
开州区						35 500
梁平区						
武隆区						30 860
城口县						
丰都县						
垫江县						
忠　县	20		20			4 200
云阳县						
奉节县						
巫山县						
巫溪县						
石柱县						
秀山县						260 000
酉阳县						50 000
彭水县						
万盛区						15 000
高新区						2 000

全市各区县内陆养殖水产品产量（七）

（按品种分）

单位：吨

地　区	6.其他类	龟	鳖	蛙	珍珠
全市总计	7 381	61	1 573	5 747	
万州区	291	2	12	277	
涪陵区	90	40	10	40	
大渡口					
江北区	5			5	
沙坪坝	1		1		
九龙坡	1	1			
南岸区					
北碚区	71	2	69		
綦江区	502		2	500	
大足区	213		4	209	
渝北区	772		5	767	
巴南区	211		6	205	
黔江区	59			59	
长寿区	304		16	288	
江津区	680	1	51	628	
合川区	262		147	115	
永川区	478		375	103	
南川区	88		73	15	
璧山区	78		52	26	
铜梁区	760		280	480	
潼南区	90		90		
荣昌区	2		2		
开州区	685		185	500	
梁平区	17		10	7	
武隆区	353		1	352	
城口县	2		2		
丰都县	6			6	
垫江县	65			65	
忠　县	230	15	15	200	
云阳县	113		13	100	
奉节县					
巫山县	2		1	1	
巫溪县	78		65	13	
石柱县	113			113	
秀山县	720		55	665	
酉阳县	36		31	5	
彭水县					
万盛区	3			3	
高新区					

全市各区县内陆养殖水产品产量（八）

（按水域和养殖方式分）

单位：吨

地 区	产量合计	按水域分			
		池塘	湖泊	水库	河沟
全市总计	545 343	475 365		48 244	
万州区	22 149	19 150		2 585	
涪陵区	17 275	14 980		1 295	
大渡口	160	160			
江北区	135	135			
沙坪坝	5 001	4 771		230	
九龙坡	2 300	2 150		150	
南岸区	982	982			
北碚区	4 223	3 784		439	
綦江区	12 030	10 960		1 030	
大足区	25 040	24 073		656	
渝北区	8 021	6 046		1 879	
巴南区	22 200	20 153		1 421	
黔江区	3 711	2 703		801	
长寿区	45 140	34 249		10 120	
江津区	27 430	25 780		1 300	
合川区	47 563	44 220		2 280	
永川区	46 170	43 693		1 620	
南川区	12 833	10 600		1 637	
璧山区	12 006	8 774		2 742	
铜梁区	39 500	34 466		2 732	
潼南区	40 344	36 030		887	
荣昌区	11 150	8 050		200	
开州区	32 140	31 000		1 000	
梁平区	20 725	19 775		500	
武隆区	5 185	4 192		285	
城口县	577	429		148	
丰都县	10 046	6 978		2 162	
垫江县	20 000	18 993		877	
忠 县	18 600	11 600		5 000	
云阳县	11 539	8 953		2 540	
奉节县	3 916	3 556		360	
巫山县	624	594		30	
巫溪县	1 258	786		138	
石柱县	4 580	4 060		400	
秀山县	5 600	4 795		210	
酉阳县	1 810	720		320	
彭水县	425	340			
万盛区	1 450	1 380		70	
高新区	1 505	1 305		200	

全市各区县内陆养殖水产品产量（九）

（按水域和养殖方式分）

单位：吨

地 区	按水域分（续）		其中：集约化养殖方式				
	其他	稻田	设施渔业小计	其中：工厂化	其中：冷水鱼	其中：流水养殖	其中：其他
全市总计	5 566	16 168		742			
万州区		414					
涪陵区	800	200		10			
大渡口							
江北区							
沙坪坝				158			
九龙坡							
南岸区							
北碚区							
綦江区		40					
大足区		311					
渝北区	68	28		68			
巴南区		626					
黔江区		207					
长寿区	598	173		25			
江津区	20	330					
合川区	10	1 053					
永川区	42	815					
南川区		596					
璧山区	426	64					
铜梁区	528	1 774					
潼南区		3 427					
荣昌区		2 900					
开州区		140		100			
梁平区		450					
武隆区	670	38		15			
城口县							
丰都县	885	21					
垫江县		130					
忠 县		2 000					
云阳县		46		66			
奉节县							
巫山县							
巫溪县	334						
石柱县		120					
秀山县	395	200		100			
酉阳县	720	50					
彭水县	70	15					
万盛区							
高新区				200			

第三部分

水产养殖面积

全市各区县内陆养殖面积（一）

（按水域和养殖方式分）

单位：公顷

地　区	内陆养殖面积	按水域分			
		池塘	湖泊	水库	河沟
全市总计	84 355.49	49 696.93		34 553.73	
万州区	3 852	2 416		1 436	
涪陵区	2 676.6	1 670		1 000	
大渡口	14	14			
江北区	14	14			
沙坪坝	315	164		151	
九龙坡	480.1	391		89	
南岸区	138	138			
北碚区	363	279		84	
綦江区	1 677	914		763	
大足区	5 798	2 839		2 959	
渝北区	1 503	705		798	
巴南区	2 384	1 657		727	
黔江区	1 164	463		701	
长寿区	10 648.67	2 126.59		8 479.82	
江津区	4 068.13	3 222		846	
合川区	4 722.56	3 875		845	
永川区	5 336.14	3 992		1 344	
南川区	1 927	892		1 035	
璧山区	2 550	1 416		1 134	
铜梁区	4 580.31	3 841.55		737.16	
潼南区	4 898	3 928		970	
荣昌区	1 673	1 333		340	
开州区	3 803	2 831		972	
梁平区	2 366	1 579		787	
武隆区	566	289		274	
城口县	602	22		580	
丰都县	2 832.17	1 278.88		1 543.72	
垫江县	3 155.16	2 359.46		795.7	
忠　县	2 280	1 580		700	
云阳县	2 883.5	1 717		1 165	
奉节县	644	247		392	
巫山县	209	108		101	
巫溪县	695.27	98.45		587.33	
石柱县	726	365		361	
秀山县	1 780	444		1 316	
酉阳县	465.88	81		383	
彭水县	114	113			
万盛区	144	137		7	
高新区	307	157		150	

全市各区县内陆养殖面积（二）

（按水域和养殖方式分）

地　区	按水域分（续）		其中：集约化养殖方式				
	其他（公顷）	稻田（公顷）	设施渔业（米³）	其中：工厂化（米²）	其中：冷水鱼（公顷）	其中：流水养殖（米²）	其中：其他（米²）
全市总计	104.83	24 077.03		39 520			
万州区		179					
涪陵区	6.60	133		2 000			
大渡口							
江北区							
沙坪坝				3 200			
九龙坡	0.10			260			
南岸区							
北碚区							
綦江区		150					
大足区		704					
渝北区		75		1 200			
巴南区		864					
黔江区		319					
长寿区	42.26	43.33		2 300			
江津区	0.13	1 346					
合川区	2.56	1 325					
永川区	0.14	2 351					
南川区		2 173					
璧山区		614		500			
铜梁区	1.60	994.86					
潼南区		7 244					
荣昌区		4 000					
开州区		100		3 000			
梁平区		308					
武隆区	3	256		60			
城口县							
丰都县	9.57	48.56					
垫江县		94.28					
忠县		200					
云阳县	1.50	53		8 000			
奉节县	5						
巫山县							
巫溪县	9.49						
石柱县							
秀山县	20	400		15 000			
酉阳县	1.88	80					
彭水县	1	20					
万盛区							
高新区		2		4 000			

第四部分

水产养殖单产

全市各区县内陆养殖单产水平（一）

单位：千克/公顷

地 区	总体水平	按水域分			
		池塘	湖泊	水库	河沟
全市总计	6 215	9 565		1 396	
万州区	5 643	7 926		1 800	
涪陵区	6 096	8 970		1 295	
大渡口	11 429	11 429			
江北区	9 643	9 643			
沙坪坝	15 876	29 091		1 523	
九龙坡	4 792	5 499		1 685	
南岸区	7 116	7 116			
北碚区	11 634	13 563		5 226	
綦江区	7 150	11 991		1 350	
大足区	4 265	8 479		222	
渝北区	5 273	8 576		2 355	
巴南区	9 049	12 162		1 955	
黔江区	3 010	5 838		1 143	
长寿区	4 183	16 105		1 193	
江津区	6 657	8 001		1 537	
合川区	9 852	11 412		2 698	
永川区	8 492	10 945		1 205	
南川区	6 350	11 883		1 582	
璧山区	4 516	6 196		2 418	
铜梁区	8 124	8 972		3 706	
潼南区	7 537	9 173		914	
荣昌区	4 931	6 039		588	
开州区	8 414	10 950		1 029	
梁平区	8 569	12 524		635	
武隆区	7 952	14 505		1 040	
城口县	958	19 500		255	
丰都县	3 238	5 456		1 401	
垫江县	6 298	8 050		1 102	
忠 县	7 281	7 342		7 143	
云阳县	3 988	5 214		2 180	
奉节县	6 128	14 397		918	
巫山县	2 986	5 500		297	
巫溪县	1 347	7 984		235	
石柱县	6 143	11 123		1 108	
秀山县	2 844	10 800		160	
酉阳县	2 241	8 889		836	
彭水县	3 009	3 009			
万盛区	10 069	10 073		10 000	

全市各区县内陆养殖单产水平（二）

地 区	按水域分（续）		其中：集约化养殖方式平均单产		
	其他 （千克/公顷）	稻田 （千克/公顷）	围栏 （千克/米²）	网箱 （千克/米²）	设施渔业 （千克/米³）
全市总计	53 095	672			
万州区		2 313			
涪陵区	121 212	1 504			
大渡口					
江北区					
沙坪坝					
九龙坡					
南岸区					
北碚区					
綦江区		267			
大足区		442			
渝北区		373			
巴南区		725			
黔江区		649			
长寿区	14 150	3 993			
江津区	153 846	245			
合川区	3 906	795			
永川区	300 000	347			
南川区		274			
璧山区		104			
铜梁区	330 000	1 783			
潼南区		473			
荣昌区		725			
开州区		1 400			
梁平区		1 461			
武隆区	223 333	148			
城口县					
丰都县	92 476	432			
垫江县		1 379			
忠　县		10 000			
云阳县		868			
奉节县					
巫山县					
巫溪县	35 195				
石柱县					
秀山县	19 750	500			
酉阳县	382 979	625			
彭水县	70 000	750			
万盛区					
重庆市					

第五部分

水 产 苗 种

全市各区县水产苗种数量（一）

地　区	淡水鱼苗（万尾）				淡水鱼种（吨）	投放鱼种（吨）	河蟹育苗（千克）
	合计	罗非鱼	大鲵	翘嘴红鲌			
全市总计	835 128	1 082			80 394	104 137	
万州区	2 550				3 320	4 550	
涪陵区	8 000				1 500	1 540	
大渡口	23	1			50	50	
江北区						20	
沙坪坝					455	905	
九龙坡						420	
南岸区					196	196	
北碚区	7 500				1 357	1 053	
綦江区	10 000				1 862	2 165	
大足区	20 715	78			3 832	3 981	
渝北区	6 000				1 750	2 001	
巴南区	1 548	10			2 128	4 032	
黔江区					330	825	
长寿区	24 405				6 750	7 440	
江津区	85 870	210			5 980	9 780	
合川区	60 000				6 901	8 863	
永川区	256 970				9 705	9 078	
南川区	3 786				409	3 065	
璧山区	5 435	100			1 643	2 559	
铜梁区	20 719	651			3 479	7 238	
潼南区	141 540				7 896	7 385	
荣昌区	110 500	2			2 600	2 436	
开州区					6 400	6 400	
梁平区					5 500	6 600	
武隆区	3 945				629	1 085	
城口县	60				20	20	
丰都县	30 000				31	520	
垫江县	3 250				1 394	2 746	
忠　县	4 000	20			1 100	1 600	
云阳县	19 800				1 305	2 650	
奉节县	912				682	682	
巫山县	1 200				35	128	
巫溪县	6				11	130	
石柱县	300				200	480	
秀山县					390	520	
酉阳县	5 000				130	255	
彭水县	628				62	88	
万盛区	466	10			362	341	
高新区						310	

全市各区县水产苗种数量（二）

地　区	扣蟹苗 （千克）	稚鳖 （千只）	稚龟 （千只）	虾类育苗 （万尾）	南美白对虾 （万尾）
全市总计		618	17	43 491	
万州区					
涪陵区		15			
大渡口					
江北区					
沙坪坝					
九龙坡					
南岸区					
北碚区		71	3		
綦江区					
大足区		1		11 160	
渝北区					
巴南区		10		117	
黔江区					
长寿区		6			
江津区		12	2	6 030	
合川区		165			
永川区		10			
南川区					
璧山区		56			
铜梁区		15			
潼南区		131		26 184	
荣昌区					
开州区		30			
梁平区					
武隆区		12			
城口县					
丰都县					
垫江县					
忠　县		25	12		
云阳县		5			
奉节县					
巫山县					
巫溪县					
石柱县					
秀山县		53			
酉阳县		1			
彭水县					
万盛区					
高新区					

第六部分

水产品加工

全市各区县水产品加工数量（一）

地　区	水产加工企业			水产冷库			
	企业数（个）	加工能力（吨/年）	规模以上水产加工企业（个）	冷库数（座）	冻结能力（吨/日）	冷藏能力（吨/次）	制冰能力（吨/日）
全市总计	10	3 565	3	17	12 882	5 237	76
万州区							
涪陵区							
大渡口							
江北区					12 000	5 000	20
沙坪坝							
九龙坡				1	20	80	
南岸区							
北碚区							
綦江区							
大足区							
渝北区							
巴南区							
黔江区							
长寿区	1	15					
江津区							
合川区							
永川区							
南川区							
璧山区							
铜梁区							
潼南区							
荣昌区							
开州区	2	300		7	750		
梁平区	1	500		1	25	25	25
武隆区	1	2 000	1	3	7	12	15
城口县							
丰都县							
垫江县							
忠　县	4	600	1				1
云阳县	1	150	1				
奉节县							
巫山县							
巫溪县							
石柱县							
秀山县				5	80	120	15
西阳县							
彭水县							
万盛区							
高新区							

全市各区县水产品加工数量（二）

单位：吨

地 区	水产加工品总量					
	小 计	淡水加工产品	海水加工产品	冷冻水产品	冷冻品	冷冻加工品
全市总计	780	780		438	360	78
万州区						
涪陵区						
大渡口						
江北区						
沙坪坝						
九龙坡						
南岸区						
北碚区						
綦江区						
大足区						
渝北区						
巴南区						
黔江区						
长寿区	6	6				
江津区						
合川区						
永川区						
南川区						
璧山区						
铜梁区						
潼南区						
荣昌区						
开州区	48	48		48		48
梁平区	100	100		100	100	
武隆区	176	176				
城口县						
丰都县						
垫江县						
忠 县	300	300		290	260	30
云阳县	150	150				
奉节县						
巫山县						
巫溪县						
石柱县						
秀山县						
酉阳县						
彭水县						
万盛区						
高新区						

全市各区县水产品加工数量（三）

单位：吨

地　区	水产加工品总量（续）					
	鱼糜制品及干腌制品	鱼糜制品	干腌制品	藻类加工品	罐制品	水产饲料（鱼粉）
全市总计	192	3	189			
万州区						
涪陵区						
大渡口						
江北区						
沙坪坝						
九龙坡						
南岸区						
北碚区						
綦江区						
大足区						
渝北区						
巴南区						
黔江区						
长寿区	6	3	3			
江津区						
合川区						
永川区						
南川区						
璧山区						
铜梁区						
潼南区						
荣昌区						
开州区						
梁平区						
武隆区	176		176			
城口县						
丰都县						
垫江县						
忠　县	10		10			
云阳县						
奉节县						
巫山县						
巫溪县						
石柱县						
秀山县						
酉阳县						
彭水县						
万盛区						
高新区						

全市各区县水产品加工数量（四）

单位：吨

| 地　区 | 水产加工品总量（续） | | | | 用于加工的水产品量 | 淡水产品 | 海水产品 |
	鱼油制品	其他水产加工品	助剂和添加剂	珍珠			
全市总计					1 243	1 243	
万州区							
涪陵区							
大渡口							
江北区							
沙坪坝							
九龙坡							
南岸区							
北碚区							
綦江区							
大足区							
渝北区							
巴南区							
黔江区							
长寿区						46	46	
江津区							
合川区							
永川区							
南川区							
璧山区							
铜梁区							
潼南区							
荣昌区							
开州区					75	75	
梁平区							
武隆区					532	532	
城口县							
丰都县							
垫江县							
忠　县					440	440	
云阳县					150	150	
奉节县							
巫山县							
巫溪县							
石柱县							
秀山县							
酉阳县							
彭水县							
万盛区							
高新区							

全市各区县水产品加工数量（五）

单位：吨

地　区	部分水产品年加工量					
	小计	对虾	克氏原螯虾	罗非鱼	鳗鱼	斑点叉尾鮰
全市总计	70		20	50		
万州区						
涪陵区						
大渡口						
江北区						
沙坪坝						
九龙坡						
南岸区						
北碚区						
綦江区						
大足区						
渝北区						
巴南区						
黔江区						
长寿区						
江津区						
合川区						
永川区						
南川区						
璧山区						
铜梁区						
潼南区						
荣昌区						
开州区						
梁平区						
武隆区						
城口县						
丰都县						
垫江县						
忠　县	20		20			
云阳县	50			50		
奉节县						
巫山县						
巫溪县						
石柱县						
秀山县						
酉阳县						
彭水县						
万盛区						
高新区						

第七部分

渔船年末拥有量

全市各区县机动渔船年末拥有量

地　区	渔业船舶合计			机动渔船		
	艘	总　吨	千　瓦	艘	总　吨	千　瓦
全市总计	289	1 202	9 775	151	1 164	9 775
万州区	34	195	806	34	195	806
涪陵区						
大渡口	1	9	110	1	9	110
江北区	2	23	349	2	23	349
沙坪坝	1	17	254	1	17	254
九龙坡						
南岸区						
北碚区	2	6	162	2	6	162
綦江区						
大足区						
渝北区						
巴南区	1	8	105	1	8	105
黔江区	4	27	533	4	27	533
长寿区	174	376	138	36	338	138
江津区	2	42	524	2	42	524
合川区						
永川区						
南川区						
璧山区						
铜梁区						
潼南区	11	25	570	11	25	570
荣昌区						
开州区						
梁平区						
武隆区						
城口县						
丰都县	5	34	333	5	34	333
垫江县						
忠　县	1	50	306	1	50	306
云阳县	33	230	1 941	33	230	1 941
奉节县	2	13	193	2	13	193
巫山县	8	91	1 716	8	91	1 716
巫溪县						
石柱县						
秀山县						
酉阳县	6	40	756	6	40	756
彭水县	2	16	243	2	16	243
万盛区						
高新区						

全市各区县机动渔船（生产渔船）年末拥有量

地　区	生产渔船			捕捞渔船			养殖渔船		
	艘	总　吨	千　瓦	艘	总　吨	千　瓦	艘	总　吨	千　瓦
全市总计	31	244	422				31	244	422
万州区	6	31	74				6	31	74
涪陵区									
大渡口									
江北区									
沙坪坝									
九龙坡									
南岸区									
北碚区									
綦江区									
大足区									
渝北区									
巴南区									
黔江区									
长寿区	25	213	348				25	213	348
江津区									
合川区									
永川区									
南川区									
璧山区									
铜梁区									
潼南区									
荣昌区									
开州区									
梁平区									
武隆区									
城口县									
丰都县									
垫江县									
忠　县									
云阳县									
奉节县									
巫山县									
巫溪县									
石柱县									
秀山县									
酉阳县									
彭水县									
万盛区									
高新区									

全市各区县机动渔船（捕捞渔船）年末拥有量

（按功率分）

地　区	441千瓦(600马力)以上			45～440千瓦(61～599马力)			44千瓦(60马力)以下		
	艘	总吨	千瓦	艘	总吨	千瓦	艘	总吨	千瓦
全市总计									
万州区									
涪陵区									
大渡口									
江北区									
沙坪坝									
九龙坡									
南岸区									
北碚区									
綦江区									
大足区									
渝北区									
巴南区									
黔江区									
长寿区									
江津区									
合川区									
永川区									
南川区									
璧山区									
铜梁区									
潼南区									
荣昌区									
开州区									
梁平区									
武隆区									
城口县									
丰都县									
垫江县									
忠　县									
云阳县									
奉节县									
巫山县									
巫溪县									
石柱县									
秀山县									
酉阳县									
彭水县									
万盛区									
高新区									

全市各区县机动渔船年末拥有量

（按船长分）

地　区	24米（包括24米）以上			12～24米（包括12米）			12米以下		
	艘	总　吨	千　瓦	艘	总　吨	千　瓦	艘	总　吨	千　瓦
全市总计	3	180	1 595	74	727	3 846	74	257	4 334
万州区				22	160	732	12	35	74
涪陵区									
大渡口							1	9	110
江北区				2	23	349			
沙坪坝				1	17	254			
九龙坡									
南岸区									
北碚区							2	6	162
綦江区									
大足区									
渝北区									
巴南区				1	8	105			
黔江区							4	27	533
长寿区				18	321	315	18	17	559
江津区				2	42	524			
合川区									
永川区									
南川区									
璧山区									
铜梁区									
潼南区				1	5	135	10	20	435
荣昌区									
开州区									
梁平区									
武隆区									
城口县									
丰都县				2			3	34	333
垫江县									
忠　县	1	50	306						
云阳县	1	80	480	21	114	514	11	36	947
奉节县							2	13	193
巫山县	1	50	809	3	26	760	4	15	147
巫溪县									
石柱县									
秀山县									
酉阳县							6	40	756
彭水县				1	11	158	1	5	85
万盛区									
高新区									

全市各区县机动渔船（辅助渔船）年末拥有量

地　区	辅助渔船			捕捞辅助船			渔业执法船		
	艘	总　吨	千　瓦	艘	总　吨	千　瓦	艘	总　吨	千　瓦
全市总计	120	920	9 353	7	60	98	113	860	9 255
万州区	28	164	732				28	164	732
涪陵区									
大渡口	1	9	110				1	9	110
江北区	2	23	349				2	23	349
沙坪坝	1	17	254				1	17	254
九龙坡									
南岸区									
北碚区	2	6	162				2	6	162
綦江区									
大足区									
渝北区									
巴南区	1	8	105				1	8	105
黔江区	4	27	533				4	27	533
长寿区	11	125	526	7	60	98	4	65	428
江津区	2	42	524				2	42	524
合川区									
永川区									
南川区									
璧山区									
铜梁区									
潼南区	11	25	570				11	25	570
荣昌区									
开州区									
梁平区									
武隆区									
城口县									
丰都县	5	34	333				5	34	333
垫江县									
忠　县	1	50	306				1	50	306
云阳县	33	230	1 941				33	230	1 941
奉节县	2	13	193				2	13	193
巫山县	8	91	1 716				8	91	1 716
巫溪县									
石柱县									
秀山县									
酉阳县	6	40	756				6	40	756
彭水县	2	16	243				2	16	243
万盛区									
高新区									

全市各区县非机动渔船年末拥有量

地 区	非机动渔船合计		捕捞渔船		养殖渔船		辅助渔船	
	艘	总 吨	艘	总 吨	艘	总 吨	艘	总 吨
全市总计	138	38						
万州区								
涪陵区								
大渡口								
江北区								
沙坪坝								
九龙坡								
南岸区								
北碚区								
綦江区								
大足区								
渝北区								
巴南区								
黔江区								
长寿区	138	38						
江津区								
合川区								
永川区								
南川区								
璧山区								
铜梁区								
潼南区								
荣昌区								
开州区								
梁平区								
武隆区								
城口县								
丰都县								
垫江县								
忠 县								
云阳县								
奉节县								
巫山县								
巫溪县								
石柱县								
秀山县								
酉阳县								
彭水县								
万盛区								
高新区								

第八部分

渔业人口与从业人员

全市各区县渔业人口与从业人员（一）

地 区	渔业乡（个）	渔业村（个）	渔业户（户）	渔业人口（人）	传统渔民（人）	渔业从业人员（人）
全市总计		5	101 725	378 491	280	302 252
万州区			6 900	22 600		32 910
涪陵区			2 800	9 800		7 750
大渡口			120	370		344
江北区						73
沙坪坝			557	1 792		836
九龙坡			780	2 543		3 995
南岸区						486
北碚区			1 637	2 025		3 903
綦江区			640	1 850		1 193
大足区			5 712	23 120		13 191
渝北区			891	2 673		2 143
巴南区			3 226	8 664		5 796
黔江区			1 489	6 827		7 299
长寿区			1 460	8 411		3 925
江津区			29 561	87 661		61 776
合川区			1 422	26 141		9 113
永川区			5 456	28 044		14 420
南川区			8 765	26 086		19 805
璧山区			1 857	5 718		4 389
铜梁区				10 743		14 244
潼南区			8 545	32 541		26 741
荣昌区			2 642	9 000		3 100
开州区			3 503	15 528		15 145
梁平区		5	985	2 713	280	2 419
武隆区			1 680	5 120		4 944
城口县			109	376		197
丰都县			1 577	4 475		3 173
垫江县			1 915	6 683		11 392
忠　县			863	4 005		3 256
云阳县			1 840	6 110		10 680
奉节县			1 520	5 123		5 080
巫山县			246	687		687
巫溪县			127	385		435
石柱县			1 728	4 760		2 125
秀山县			460	2 500		1 750
酉阳县			647	1 835		1 415
彭水县			65	302		801
万盛区				980		536
高新区				300		785

全市各区县渔业人口与从业人员（二）

单位：人

地　区	专业从业人员	其中：女性	其　中		
			捕捞	养殖	其他
全市总计	140 189	47 234		127 395	12 794
万州区	8 650	2 660		5 610	3 040
涪陵区	2 030	400		1 620	410
大渡口	117			105	12
江北区	3			3	
沙坪坝	298	123		291	7
九龙坡	1 015	210		1 015	
南岸区					
北碚区	2 014	1 028		1 714	300
綦江区	810	180		715	95
大足区	5 289	1 430		5 289	
渝北区	1 343	410		1 315	28
巴南区	3 049	366		3 002	47
黔江区	2 989	102		2 538	451
长寿区	1 517	177		1 463	54
江津区	42 507	19 820		42 507	
合川区	1 764	406		1 764	
永川区	6 231	4 895		6 180	51
南川区	7 926	3 572		7 158	768
璧山区	1 668	1 596		1 482	186
铜梁区	5 428	1 035		4 988	440
潼南区	16 022	3 225		16 022	
荣昌区	1 000	500		1 000	
开州区	5 440	110		3 758	1 682
梁平区	1 063	417		645	418
武隆区	1 382	70		1 290	92
城口县	110			80	30
丰都县	1 072	392		712	360
垫江县	5 822			3 396	2 426
忠　县	2 256	605		2 006	250
云阳县	5 570	2 900		4 850	720
奉节县	2 100	257		2 100	
巫山县	123	18		95	28
巫溪县	178	40		167	11
石柱县	355	143		169	186
秀山县	1 540	70		990	550
酉阳县	720			650	70
彭水县	156			156	
万盛区	402	52		350	52
高新区	230	25		200	30

全市各区县渔业人口与从业人员（三）

单位：人

地 区	兼业从业人员	其中：女性	临时从业人员	其中：女性
全市总计	118 738	30 618	43 325	10 791
万州区	19 700	3 560	4 560	860
涪陵区	4 220	1 200	1 500	300
大渡口	150		77	
江北区			70	
沙坪坝	329	80	209	35
九龙坡	1 980	1 300	1 000	690
南岸区	486	225		
北碚区	1 889	942		
綦江区	265	28	118	16
大足区	6 147	1 254	1 755	331
渝北区	650	216	150	20
巴南区	2 039	489	708	150
黔江区	4 310	350		
长寿区	1 461	284	947	92
江津区	12 864	4 651	6 405	2 014
合川区	6 427	2 219	922	231
永川区	7 096	1 760	1 093	211
南川区	9 685	1 532	2 194	637
璧山区	2 337	532	384	51
铜梁区	4 590	943	4 226	655
潼南区	8 845	3 745	1 874	689
荣昌区	2 000	100	100	10
开州区	7 110	1 179	2 595	348
梁平区	464	220	892	555
武隆区	1 460	171	2 102	43
城口县	66	12	21	5
丰都县	1 676	336	425	98
垫江县	2 785	1 479	2 785	1 022
忠 县	500	140	500	150
云阳县	2 500	380	2 610	360
奉节县	2 300	423	680	524
巫山县	238	56	326	49
巫溪县	146	52	111	35
石柱县	511	280	1 259	345
秀山县	150		60	10
酉阳县	635	260	60	30
彭水县	390	144	255	94
万盛区	82	21	52	11
高新区	255	55	300	120

第九部分

渔业经济总产值和增加值

全市渔业经济总产值

单位：万元

指　标	产　值 （按当年价格计算）
渔业经济总产值	2 218 313
一、渔业	1 498 951
海洋捕捞	
海水养殖	
内陆捕捞	
内陆养殖	1 381 702
水产苗种	117 249
二、渔业工业和建筑业	131 762
水产品加工	6 224
渔用机具制造	1 440
渔船渔机修造	135
渔用绳网制造	635
渔用饲料	107 236
渔用药物	1 254
建筑	15 292
其他	316
三、渔业流通和服务业	587 600
水产流通	315 396
水产（仓储）运输	43 315
休闲渔业	225 268
其他	3 621

全市各区县渔业经济总产值（一）

（按当年价格计算）

单位：万元

地 区	渔业经济总产值	渔业	内陆捕捞	内陆养殖	水产苗种
全市总计	2 218 313	1 498 951		1 381 702	117 249
万州区	101 667	70 267		61 617	8 650
涪陵区	91 046	59 466		55 616	3 850
大渡口	622	441		441	
江北区	43 638	571		571	
沙坪坝	30 312	9 567		9 567	
九龙坡	12 383	7 878		7 878	
南岸区	3 866	2 313		2 313	
北碚区	11 220	8 782		7 737	1 045
綦江区	34 462	25 898		23 892	2 006
大足区	96 303	77 536		70 991	6 545
渝北区	58 466	19 834		19 143	691
巴南区	96 367	58 935		56 244	2 691
黔江区	15 837	9 274		8 522	752
长寿区	156 409	115 641		107 061	8 580
江津区	97 221	78 211		67 771	10 440
合川区	170 293	134 196		132 696	1 500
永川区	230 556	114 901		98 981	15 920
南川区	35 051	30 366		29 869	497
璧山区	40 422	32 788		32 134	654
铜梁区	132 885	102 889		98 849	4 040
潼南区	120 925	82 918		80 982	1 936
荣昌区	39 188	36 505		30 505	6 000
开州区	151 391	100 484		91 894	8 590
梁平区	120 258	68 110		48 210	19 900
武隆区	17 826	14 525		14 525	
城口县	2 643	2 118		2 118	
丰都县	41 220	36 904		36 297	607
垫江县	53 511	43 797		40 383	3 414
忠 县	78 087	47 837		44 037	3 800
云阳县	43 001	35 651		32 911	2 740
奉节县	10 441	8 888		8 888	
巫山县	3 589	2 981		2 855	126
巫溪县	4 732	3 192		3 129	63
石柱县	21 256	19 916		19 216	700
秀山县	26 002	17 452		16 352	1 100
酉阳县	7 847	7 198		6 843	355
彭水县	3 067	1 967		1 910	57
万盛区	5 149	3 599		3 599	
高新区	9 155	5 155		5 155	

全市各区县渔业经济总产值（二）

（按当年价格计算）

单位：万元

地 区	渔业工业和建筑业	水产品加工	渔用机具制造	渔船渔机修造	渔用绳网制造	渔用饲料	渔用药物
全市总计	131 762	6 224	1 440	135	635	107 236	1 254
万州区							
涪陵区	2 500						
大渡口							
江北区							
沙坪坝							
九龙坡							
南岸区							
北碚区							
綦江区							
大足区	7 865					7 865	
渝北区	6 576					5 489	
巴南区	5 741					3 640	
黔江区							
长寿区	7 988	118	470		470	6 550	850
江津区							
合川区	10 251					10 251	
永川区	58 156		294	135	159	56 847	54
南川区							
璧山区	1 501					1 093	61
铜梁区	2 022		6		6	1 241	189
潼南区							
荣昌区	60					60	
开州区	9 800	3 000					
梁平区	16 106	60	670			14 200	
武隆区	1 046	1 046					
城口县							
丰都县							
垫江县							
忠 县	1 250	1 100					100
云阳县	900	900					
奉节县							
巫山县							
巫溪县							
石柱县							
秀山县							
酉阳县							
彭水县							
万盛区							
高新区							

全市各区县渔业经济总产值（三）

（按当年价格计算）

单位：万元

地　区	渔业工业和建筑业（续）		渔业流通和服务业				
	建筑业	其　他	小　计	水产流通	水产（仓储）运输	休闲渔业	其　他
全市总计	15 292	316	587 600	315 396	43 315	225 268	3 621
万州区			31 400	21 285		10 115	
涪陵区	2 500		29 080	25 000	1 500	2 580	
大渡口			181	50		131	
江北区			43 067	40 771		2 296	
沙坪坝			20 745	13 920	1 890	4 935	
九龙坡			4 505	1 188		3 205	112
南岸区			1 553	610	390	553	
北碚区			2 438	259	100	2 039	40
綦江区			8 564	2 649	1 405	4 510	
大足区			10 902	8 345	632	1 925	
渝北区	993	94	32 056	16 807	1 548	13 438	263
巴南区	1 879	222	31 691	16 439	1 558	13 317	377
黔江区			6 563	4 389		2 174	
长寿区			32 780	11 823	5 770	15 187	
江津区			19 010	3 300	2 090	13 500	120
合川区			25 846	16 826	2 108	6 510	402
永川区	961		57 499	25 946	6 573	24 980	
南川区			4 685	1 436	287	2 962	
璧山区	347		6 133	3 760	784	1 571	18
铜梁区	586		27 974	6 724	7 890	13 360	
潼南区			38 007	7 414	1 615	27 247	1 731
荣昌区			2 623	1 300		1 323	
开州区	6 800		41 107	32 711	1 054	7 342	
梁平区	1 176		36 042	21 526	1 865	12 201	450
武隆区			2 255	1 965		290	
城口县			525	133		392	
丰都县			4 316	2 396	16	1 904	
垫江县			9 714	8 309	305	992	108
忠　县	50		29 000	7 500	2 020	19 480	
云阳县			6 450	5 500		950	
奉节县			1 553	425	51	1 077	
巫山县			608	126	66	416	
巫溪县			1 540	1 108	87	344	
石柱县			1 340	900	400	40	
秀山县			8 550	1 450	1 200	5 900	
酉阳县			649	389		260	
彭水县			1 100	638	90	372	
万盛区			1 550	80	20	1 450	
高新区			4 000			4 000	

全市各区县渔业经济增加值（一）

（按当年价格计算）

单位：万元

地　　区	渔业经济增加值	渔业增加值	内陆捕捞	内陆养殖	水产苗种
全市总计					
万州区					
涪陵区					
大渡口					
江北区					
沙坪坝					
九龙坡					
南岸区					
北碚区					
綦江区					
大足区					
渝北区					
巴南区					
黔江区					
长寿区					
江津区					
合川区					
永川区					
南川区					
璧山区					
铜梁区					
潼南区					
荣昌区					
开州区					
梁平区					
武隆区					
城口县					
丰都县					
垫江县					
忠　县					
云阳县					
奉节县					
巫山县					
巫溪县					
石柱县					
秀山县					
酉阳县					
彭水县					
万盛区					
高新区					

全市各区县渔业经济增加值（二）

（按当年价格计算）

单位：万元

地　区	渔业工业和建筑业	水产品加工	渔用机具制造	渔船渔机修造	渔用绳网制造	渔用饲料	渔用药物
全市总计							
万州区							
涪陵区							
大渡口							
江北区							
沙坪坝							
九龙坡							
南岸区							
北碚区							
綦江区							
大足区							
渝北区							
巴南区							
黔江区							
长寿区							
江津区							
合川区							
永川区							
南川区							
璧山区							
铜梁区							
潼南区							
荣昌区							
开州区							
梁平区							
武隆区							
城口县							
丰都县							
垫江县							
忠　县							
云阳县							
奉节县							
巫山县							
巫溪县							
石柱县							
秀山县							
酉阳县							
彭水县							
万盛区							
高新区							

全市各区县渔业经济增加值（三）

（按当年价格计算）

单位：万元

地　区	渔业工业和建筑业（续）		渔业流通和服务业	水产流通	水产（仓储）运输	休闲渔业	其　他
	建筑业	其　他					
全市总计							
万州区							
涪陵区							
大渡口							
江北区							
沙坪坝							
九龙坡							
南岸区							
北碚区							
綦江区							
大足区							
渝北区							
巴南区							
黔江区							
长寿区							
江津区							
合川区							
永川区							
南川区							
璧山区							
铜梁区							
潼南区							
荣昌区							
开州区							
梁平区							
武隆区							
城口县							
丰都县							
垫江县							
忠　县							
云阳县							
奉节县							
巫山县							
巫溪县							
石柱县							
秀山县							
酉阳县							
彭水县							
万盛区							
高新区							

第十部分

渔 业 灾 情

全市各区县渔业灾害造成的数量损失（一）

地 区	受灾养殖面积（公顷）					
	小计	台风、洪涝	病害	干旱	污染	其他
全市总计	1 398	919	313	149	4	13
万州区	30	30				
涪陵区	50	30	20			
大渡口						
江北区						
沙坪坝	2	1	1			
九龙坡	3		3			
南岸区						
北碚区	14	5	9			
綦江区	21	17		4		
大足区	121	121				
渝北区	68	30	38			
巴南区	29	19	10			
黔江区	22	22				
长寿区	328	293	34	1		
江津区						
合川区	20	20				
永川区	261	67	146	44	4	
南川区						
璧山区						
铜梁区	107	37	1	69		
潼南区	20	20				
荣昌区	46	6	10	30		
开州区	14		2			12
梁平区	4	4				
武隆区						
城口县						
丰都县	71	39	31			
垫江县	81	72	8	1		
忠 县	30	30				
云阳县	21	20				1
奉节县						
巫山县						
巫溪县	11	11				
石柱县	17	17				
秀山县	1		1			
酉阳县						
彭水县						
万盛区	6	6				
高新区						

全市各区县渔业灾害造成的数量损失（二）

地　区	水产品总量损失（吨）						损毁渔业设施	
	小计	台风、洪涝	病害	干旱	污染	其他	池塘（公顷）	网箱（鱼排）（箱）
全市总计	3 429	2 362	458	420	7	182	278	
万州区	100	100						
涪陵区	270	220	50					
大渡口								
江北区								
沙坪坝	3	1	2					
九龙坡	2		2					
南岸区								
北碚区	16	10	6					
綦江区	84	81		3				
大足区	81	81					121	
渝北区	118	93	25				23	
巴南区	104	28	76					
黔江区	86	86					22	
长寿区	297	258	37	2			28	
江津区								
合川区	33	33					13	
永川区	277	85	152	33	7		15	
南川区								
璧山区								
铜梁区	591	211		380				
潼南区	88	88						
荣昌区	38	15	22			1	6	
开州区	210		30			180		
梁平区	43	43						
武隆区								
城口县	2	2						
丰都县	97	91	6					
垫江县	343	292	49	2			45	
忠　县	50	50						
云阳县	20	19				1		
奉节县								
巫山县								
巫溪县	56	56					4	
石柱县	411	411						
秀山县	1		1					
酉阳县								
彭水县								
万盛区	8	8						
高新区								

全市各区县渔业灾害造成的数量损失（三）

地　　区	损毁渔业设施（续）							
	围栏 （千米）	沉船 （艘）	船损 （艘）	堤坝 （米）	泵站 （座）	涵闸 （座）	码头 （米）	护岸 （米）
全市总计			1	512				3
万州区								
涪陵区								
大渡口								
江北区								
沙坪坝								
九龙坡								
南岸区								
北碚区								
綦江区				6				
大足区				4				
渝北区				55				
巴南区								
黔江区								
长寿区			1	306				
江津区								
合川区								
永川区								
南川区								
璧山区								
铜梁区								
潼南区								
荣昌区								
开州区								
梁平区								
武隆区								
城口县								
丰都县								
垫江县				82				
忠　县				20				
云阳县								
奉节县								
巫山县								
巫溪县				7				3
石柱县				32				
秀山县								
酉阳县								
彭水县								
万盛区								
高新区								

全市各区县渔业灾害造成的数量损失（四）

地　区	损毁渔业设施（续）			人员损失（人）			
	防波堤（米）	工厂化养殖（座）	苗种繁育场（个）	小计	失踪	死亡	重伤
全市总计							
万州区							
涪陵区							
大渡口							
江北区							
沙坪坝							
九龙坡							
南岸区							
北碚区							
綦江区							
大足区							
渝北区							
巴南区							
黔江区							
长寿区							
江津区							
合川区							
永川区							
南川区							
璧山区							
铜梁区							
潼南区							
荣昌区							
开州区							
梁平区							
武隆区							
城口县							
丰都县							
垫江县							
忠　县							
云阳县							
奉节县							
巫山县							
巫溪县							
石柱县							
秀山县							
酉阳县							
彭水县							
万盛区							
高新区							

全市各区县渔业灾害造成的经济损失（一）

单位：万元

地　区	水产品总量损失						损毁渔业设施		
	小计	台风、洪涝	病害	干旱	污染	其他	小计	池塘	网箱（鱼排）
全市总计	5 983	5 214	557	89	10	114	902	297	
万州区	200	200							
涪陵区	490	400	90				50	50	
大渡口									
江北区									
沙坪坝									
九龙坡	4		4						
南岸区									
北碚区	20	14	6				5	5	
綦江区	171	163		8			7		
大足区	209	209					16	12	
渝北区	217	186	31				212	157	
巴南区	41	11	30						
黔江区	397	397							
长寿区	773	728	43	2			317	9	
江津区									
合川区	88	88					24	24	
永川区	474	147	255	62	10		8	8	
南川区									
璧山区									
铜梁区	20	9		11					
潼南区	108	108							
荣昌区	38	19	18	1		1	15	15	
开州区	111					111	11	11	
梁平区	86	86							
武隆区									
城口县	15	15							
丰都县	216	208	8				4		
垫江县	547	471	71	5			82		
忠　县	80	80					20		
云阳县	47	45				2			
奉节县									
巫山县									
巫溪县	263	263					35	6	
石柱县	1 350	1 350					97		
秀山县	1		1						
酉阳县									
彭水县									
万盛区	18	18							
高新区									

全市各区县渔业灾害造成的经济损失（二）

单位：万元

地　区	损毁渔业设施							
	围栏	沉船	船损	堤坝	泵站	涵闸	码头	护岸
全市总计			1	512				3
万州区								
涪陵区								
大渡口								
江北区								
沙坪坝								
九龙坡								
南岸区								
北碚区								
綦江区				6				
大足区				4				
渝北区				55				
巴南区								
黔江区								
长寿区			1	306				
江津区								
合川区								
永川区								
南川区								
璧山区								
铜梁区								
潼南区								
荣昌区								
开州区								
梁平区								
武隆区								
城口县								
丰都县								
垫江县				82				
忠　县				20				
云阳县								
奉节县								
巫山县								
巫溪县				7				3
石柱县				32				
秀山县								
酉阳县								
彭水县								
万盛区								
高新区								

全市各区县渔业灾害造成的经济损失（三）

单位：万元

地　区	损毁渔业设施				直接经济损失合计
	防波堤	工厂化养殖	苗种繁育场	其他	
全市总计				90	6 886
万州区					200
涪陵区					540
大渡口					
江北区					
沙坪坝					
九龙坡					4
南岸区					
北碚区					25
綦江区				1	177
大足区					225
渝北区					429
巴南区					41
黔江区					397
长寿区				1	1 090
江津区					
合川区					112
永川区					482
南川区					
璧山区					
铜梁区					20
潼南区					108
荣昌区					53
开州区					122
梁平区					86
武隆区					
城口县					15
丰都县				4	220
垫江县					629
忠　县					100
云阳县					47
奉节县					
巫山县					
巫溪县				20	297
石柱县				65	1 447
秀山县					1
酉阳县					
彭水县					
万盛区					18
高新区					

第十一部分

渔业专用塘及池塘养殖大户

全市各区县渔业专用塘及池塘养殖大户情况（一）

地　区	渔业专用塘			池塘养殖大户	
	面积（亩*）	产量（吨）	平均单产（千克/亩）	户数（户）	面积（亩）
全市总计	475 898	365 763	769	2 101	201 557
万州区	30 100	18 600	618	65	7 373
涪陵区	5 720	4 976	870	56	5 720
大渡口	210	240	1 143		
江北区	210	135	643		
沙坪坝	2 460	2 506	1 019	10	730
九龙坡	5 858	2 150	367	10	840
南岸区	2 070	982	474	1	60
北碚区	1 670	1 506	902	9	638
綦江区	13 710	10 960	799	23	1 851
大足区	32 197	19 705	612	158	12 018
渝北区	8 032	5 662	705	20	1 820
巴南区	16 422	13 391	815	66	5 392
黔江区	4 600	2 300	500	13	1 525
长寿区	25 714	27 745	1 079	157	12 798
江津区	24 500	21 170	864	76	9 699
合川区	38 218	32 191	842	223	26 026
永川区	48 130	38 335	796	208	17 085
南川区	8 675	6 784	782	25	3 029
璧山区	10 032	8 010	798	31	2 650
铜梁区	42 718	39 149	916	232	25 730
潼南区	36 975	22 593	611	234	26 451
荣昌区	19 995	8 050	403	40	2 623
开州区	9 737	9 737	1 000	77	7 238
梁平区	23 685	19 775	835	71	5 852
武隆区	3 170	2 513	793	10	840
城口县	330	429	1 300	1	70
丰都县	6 787	4 546	670	42	4 077
垫江县	13 477	12 767	947	72	6 500
忠　县	9 000	9 000	1 000	85	5 400
云阳县	13 200	6 700	508	24	1 960
奉节县	1 520	1 368	900	16	1 180
巫山县	905	477	527	3	
巫溪县	1 061	757	714	5	680
石柱县	2 025	2 110	1 042	8	657
秀山县	6 660	4 795	720	15	1 550
酉阳县	1 215	720	593	5	313
彭水县	500	200	400	4	635
万盛区	2 055	1 380	672	6	547
高新区	2 355	1 350	573		

　* 亩为非法定计量单位，1亩＝1/15公顷。

全市各区县渔业专用塘及池塘养殖大户情况（二）

地　区	池 塘 养 殖 大 户							
	50（含）～100亩		100（含）～500亩		500亩及以上		稻田200亩及以上	
	户数（户）	面积(亩)	户数（户）	面积（亩）	户数（户）	面积（亩）	户数（户）	面积（亩）
全市总计	1 515	101 949	577	92 431	9	7 177	72	25 349
万州区	40	2 558	25	4 815			2	950
涪陵区	34	2 227	22	3 493			2	900
大渡口								
江北区								
沙坪坝	8	403	2	327				
九龙坡	9	640	1	200				
南岸区	1	60						
北碚区	7	435	2	203				
綦江区	16	1 027	7	824			3	820
大足区	127	8 308	31	3 710			8	4 400
渝北区	16	1 060	4	760			2	700
巴南区	53	3 558	13	1 834				
黔江区	9	1 036	4	489				
长寿区	122	7 164	35	5 634				
江津区	42	3 721	33	5 416	1	562		
合川区	133	8 643	88	15 583	2	1 800	3	772
永川区	161	10 035	46	6 370	1	680	12	5 830
南川区	13	1 016	12	2 013				
璧山区	21	1 428	10	1 222			1	230
铜梁区	162	12 150	70	13 580				
潼南区	180	14 180	51	10 524	3	1 747	21	4 727
荣昌区	32	1 768	8	855			9	2 300
开州区	58	3 623	19	3 615				
梁平区	56	3 638	15	2 214			3	2 250
武隆区	7	440	3	400				
城口县	1	70						
丰都县	32	2 017	9	1 172	1	888		
垫江县	62	3 741	9	1 259	1	1 500		
忠　县	50	3 000	35	2 400			2	560
云阳县	18	1 055	6	905			1	310
奉节县	13	720	3	460				
巫山县	1		2					
巫溪县	3	280	2	400				
石柱县	7	457	1	200				
秀山县	12	900	3	650				
酉阳县	5	313					2	400
彭水县	1	80	3	555			1	200
万盛区	3	198	3	349				
高新区								

第十二部分

水产技术推广

全市水产技术推广机构经费情况

级别	机构数量（个）			机构性质（个）				经费情况（万元）			
	合计	专业站	综合站	行政	事业单位			合计	人员经费	公用经费	项目经费
					全额拨款	差额拨款	自收自支				
合计	802	18	784	2	799	1		23 211.32	12 290.18	2 510.28	8 410.86
省级	1	1			1			4 137.56	1 192.44	89.87	2 855.25
地（市）级											
县（市）级	38	17	21	2	35	1		9 747.17	3 460.48	864.76	5 421.93
区域站											
乡（镇）级	763		763		763			9 326.59	7 637.26	1 555.65	133.68

全市水产技术推广机构人员情况（一）

级别	编制数（人）	实有人员（人）	实有人员结构（人）						
			按性别分		按技术职称分				
			男	女	正高级	副高级	中级	初级	其他
合计	1 081	1 066	772	294	12	150	444	266	194
省级	38	36	24	12	4	11	8	1	12
地（市）级									
县（市）级	325	274	210	64	8	45	112	55	54
区域站									
乡（镇）级	718	756	538	218	0	94	324	210	128

全市水产技术推广机构人员情况（二）

地区	实有人员结构（人）（续）									其中：专业技术人员（人）	编外人员（人）
	按文化程度分						按年龄结构分				
	博士	硕士	本科	大专	中专	其他	35岁及以下	36~49岁	50岁及以上		
合计	1	56	416	451	105	37	292	449	325	872	52
省级	1	12	15	8			2	14	20	24	16
地（市）级											
县（市）级		34	105	94	30	11	66	86	122	220	18
区域站											
乡（镇）级		10	296	349	75	26	224	349	183	628	18

全市水产技术推广机构能力条件情况（一）

地区	试验示范基地				办公用房（米²）	培训教室	
	自有试验示范基地		合作试验示范基地				
	数量（个）	基地面积（公顷）	数量（个）	基地面积（公顷）		数量（个）	面积（米²）
合计	5	56	132	1 122.55	15 914.85	34	2 765
省级			27	7.25	2 102.25	1	80
地（市）级							
县（市）级	5	56	99	1 039.3	3 817	10	950
区域站							
乡（镇）级			6	76	9 995.6	23	1 735

全市水产技术推广机构能力条件情况（二）

地区	实验室			信息平台			
	数量（个）	面积（米²）	设备原值（万元）	网站（个）	手机平台（个）	电话热线（条）	技术简报（种）
合计	40	8 480.68	2 586.72	11	178	1 224	117
省级	2	6 121.75	1 367.43	1	2	2	1
地（市）级							
县（市）级	38	2 358.93	1 219.29	4	43	651	78
区域站							
乡（镇）级				6	133	571	38

全市水产技术推广机构履职成效情况（一）

地区	技术服务					
	示范关键技术（个）	检验检测（批次）	指导面积（公顷）	服务对象		
				指导农户（户）	指导企业（个）	指导合作组织（个）
合计	95	3 602	59 116	32 958	2 045	797
省级	4	1 379	1 700	400	26	26
地（市）级						
县（市）级	75	2 215	29 108	19 084	1 215	519
区域站				8		
乡（镇）级	16	8	28 308	13 466	804	252

全市水产技术推广机构履职成效情况（二）

地区	渔民技术培训		推广人员继续教育		公共信息服务		
	期数（期）	人数（人次）	业务培训（人次）	学历教育（人次）	信息覆盖用户（户）	发布公共信息（条）	发放技术资料（份）
合计	376	14 255	967	17	22 077	36 198	120 144
省级	45	980	210	0	2 500	1 600	4 300
地（市）级							
县（市）级	155	6 663	343	3	11 473	11 678	67 568
区域站							
乡（镇）级	176	6 612	414	14	8 104	22 920	48 276

全市水产技术推广机构技术成果情况（一）

地区	技术成果数量（个）	审定新品种（个）	获奖情况（个）			
			国家级	省部级	市厅级	县级
合计	2			6	1	1
省级				3	1	
地（市）级						
县（市）级	2			3		1
区域站						
乡（镇）级						

全市水产技术推广机构技术成果情况（二）

地区	获得专利 （项）	发表论文 （篇）	制定标准/规范 （个）	出版图书 （本）
合计	4	44	5	6
省级		35	3	2
地（市）级				
县（市）级	4	9	2	4
区域站				
乡（镇）级				

全市水产技术推广机构技术成果登记情况

序号	项目名称	起止年限	任务来源	验收或评价单位	承担单位	完成人
1	巫溪洋鱼规模化人工繁殖及苗种培育关键技术研究与应用	2019—2021	重庆市生态渔产业技术体系/巫溪县农业农村委员会	巫溪县科学技术局	巫溪县农业技术推广中心/巫溪县水产技术推广站	蒲德成等
2	三峡库区中山地区水产养殖池塘鱼稻共生技术研发与示范	2019—2021	重庆市生态渔产业技术体系/巫溪县农业农村委员会	巫溪县科学技术局	巫溪县农业技术推广中心/巫溪县水产技术推广站	蒲德成等

全市水产技术推广机构获奖情况

序号	获奖成果名称	奖项名称	颁发机构	获奖时间	奖项级别	获奖等次	获奖单位	奖项排名	完成人
1	大鲵健康养殖关键技术及产业化应用	发明创业创新奖	中国发明协会	2021年	国科奖社证字第0123号	二等	巫溪县农业农村委员会	3	蒲德成
2	全国星级基层水产技术推广机构	全国星级基层水产技术推广机构	全国水产推广技术总站	2021年12月9日	省部级		重庆市梁平区畜牧渔业发展中心		唐仁军
3	渔情监测统计工作表现突出单位	渔情监测统计工作表现突出单位	农业农村部渔业渔政管理局	2021年4月5日	省部级		重庆市水产技术推广总站		王波等
4	2020年度渔情监测统计工作表现突出单位和个人——全面统计工作月报省份表现突出单位及个人	2020年度渔情监测统计工作表现突出单位和个人——全面统计工作月报省份表现突出单位及个人	农业农村部渔业渔政管理局	2021年4月5日					吴晓清
5	2020年度渔情监测统计工作表现突出单位和个人——批发市场信息监测工作表现突出经济形势专家	2020年度渔情监测统计工作表现突出单位和个人——批发市场信息监测工作表现突出经济形势专家	农业农村部渔业渔政管理局	2021年4月5日					何忠谊

第十三部分

附　　录

渔业统计指标解释

第一章　水产品产量

第 1 条　水产品特征及产量统计范围

水产品是指渔业（捕捞和养殖）生产活动的最终有效成果，水产品具有以下特征：

（1）水产品是渔业生产活动的成果。水产品既是渔业生产的劳动对象，也是渔业生产的劳动成果，它包括全部海淡水鱼类、甲壳类（虾、蟹）、贝类、头足类、藻类和其他类渔业产品。

（2）水产品是渔业生产活动的最终成果。渔业生产过程中的中间成果，如鱼苗、鱼种、亲鱼、转塘鱼、存塘鱼和自用作饵料的产品，不是最终成果，不能统计在水产品产量中。

（3）水产品是渔业生产活动的最终有效成果。水产品在上岸前已经腐烂变质，不能供人食用或加工成其他制品的，不统计在水产品产量中。

第 2 条　产量统计年度和统计者

（1）年水产品产量按日历年度计算，即从每年 1 月 1 日至 12 月 31 日止已从养殖水域捕捞起水或者已从天然水域捕捞并已返航卸港的水产品均统计在年产量中，有的生产渔船在外地收港卸鱼或者在海上由收购船扒载收购的，也按到港计算产量。

（2）水产品产量统计中，养殖产量按照水域所在地统计，国内捕捞产量按照渔船所属地统计，远洋渔业产量按照远洋渔业管理办法进行统计。

第 3 条　产量计量标准

除海蜇按三矾后的成品计量、各种藻类按干品计量外，其余各种水产品均按捕捞起水时鲜品实重（原始重量）计量。此外，供观赏的水生动物按个体计算。

第 4 条　养殖产量与捕捞产量划分原则

凡人工养殖并已起水的水产品数量为养殖产量，凡捕捞天然生长的水产品数量为捕捞产量。

（1）凡是人工投放苗种（不包括灌江纳苗）并进行人工饲养管理的淡水养殖水域中捕捞的水产品产量计算为淡水养殖产量，否则为淡水捕捞产量。

（2）凡是人工投放苗种或天然纳苗并进行人工饲养管理的海水养殖水域中捕捞的水产品产量计算为海水养殖产量，否则为海洋捕捞产量。

（3）稻田养殖起水产品，也计算为淡水养殖产量。

第 5 条　水产品分类

水产品分为海水产品和淡水产品两大类。

一、海水产品

海水产品包括海洋捕捞产品和海水养殖产品。其中，海洋捕捞产品产量不包括远洋渔业产量。

1. 海洋捕捞产品

海洋捕捞产品包括海洋捕捞鱼类、甲壳类（虾、蟹）、贝类、藻类、头足类和其他类。

（1）海洋捕捞鱼类：海鳗、鳓鱼、鲲鱼、沙丁鱼、鲱鱼、石斑鱼、鲷、蓝圆鲹、白姑鱼、黄姑鱼、鮸鱼、大黄鱼、小黄鱼、梅童鱼、方头鱼、玉筋鱼、带鱼、金线鱼、梭鱼、鲐鱼、鲅鱼、金枪鱼、鲳鱼、马面鲀、竹筴鱼和鲻鱼等。

（2）甲壳类：虾和蟹。虾包括毛虾、对虾、鹰爪虾、虾蛄等。蟹包括梭子蟹、青蟹和蟳等。

（3）贝类：蛤、蛏、蚶和螺等。

（4）藻类：江蓠、石花菜和紫菜等。

（5）头足类：乌贼、鱿鱼和章鱼等。

（6）其他类：海蜇等。

2. 海水养殖产品

海水养殖产品包括海水养殖鱼类、甲壳类（虾、蟹）、贝类、藻类和其他类。

（1）海水养殖鱼类：鲈鱼、鲆鱼、大黄鱼、军曹鱼、鰤鱼、鲷鱼、美国红鱼、河豚、石斑鱼和鲽鱼等。

（2）海水养殖甲壳类：虾和蟹。虾包括南美白对虾、斑节对虾、中国对虾和日本对虾等。蟹包括梭子蟹和青蟹等。

（3）海水养殖贝类：牡蛎、鲍、螺、蚶、贻贝、江珧、扇贝、蛤和蛏等。

（4）海水养殖藻类：海带、裙带菜、紫菜、江蓠、麒麟菜、石花菜、羊栖菜和苔菜等。

（5）海水养殖其他类：海参、海胆、海水珍珠和海蜇等。

二、淡水产品

淡水产品包括淡水养殖产品和淡水捕捞产品。

1. 淡水养殖产品

淡水养殖产品包括淡水养殖鱼类、甲壳类（虾、蟹）、贝类、藻类和其他类。

（1）淡水养殖鱼类：鲟鱼、鳗鲡、青鱼、草鱼、鲢鱼、鳙鱼、鲤鱼、鲫鱼、鳊鲂、泥鳅、鲇鱼、鲴鱼、黄颡鱼、鲑鱼、鳟鱼、河豚、短盖巨脂鲤、长吻鮠、黄鳝、鳜鱼、鲈鱼、乌鳢和罗非鱼等。

（2）淡水养殖甲壳类：虾和河蟹。虾包括罗氏沼虾、青虾、克氏原螯虾和南美白对虾等。

（3）淡水养殖贝类：河蚌、螺、蚬等。

（4）淡水养殖藻类：螺旋藻。

（5）淡水养殖其他类：龟、鳖、蛙和珍珠等。

（6）观赏鱼：统计按"条"计量，其重量不计入淡水养殖总产量。

2. 淡水捕捞产品

淡水捕捞产品包括淡水捕捞鱼类、甲壳类（虾、蟹）、贝类、藻类和其他类。其他类中包括丰年虫等。

第 6 条　海洋捕捞产量（按海区、渔具分类）

海洋捕捞产量指国内海域捕捞产量，不包括远洋渔业产量。

1. 按捕捞海域分

渤海、黄海、东海、南海区划分界线：

（1）渤海：东以辽宁老铁山西角经庙岛群岛至蓬莱角连线与黄海为界。

（2）黄海：南以长江口北角至韩国济州岛西南端连线与东海为界，东至朝鲜半岛与朝鲜海峡。

（3）东海：南以闽粤省界经东山岛南端至台湾省南端的猫鼻头连线与南海为界，东止对马海峡日本硫球群岛与我国台湾省。

（4）南海：东以巴士海峡、巴林塘海峡、菲律宾群岛与太平洋为界，南止加里曼丹，西临中南半岛及马来半岛。

2. 按捕捞渔具分

（1）拖网：单拖和双拖。

（2）围网：单船围网、双船围网和多船围网。

（3）刺网：定置刺网、漂流刺网、包围刺网和拖曳刺网。

（4）张网：单桩、双桩、多桩、单锚、双锚、船张、墙张和并列张网。

（5）钓具：漂流延绳钓、定置延绳钓、曳绳钓和垂钓（如鱿钓）。

（6）其他渔具：地拉网、敷网、抄网、掩罩、陷阱、耙刺、笼壶等类型。

第 7 条　海水养殖产量（按养殖水域分类）

（1）海上养殖：在低潮位线以下从事海水养殖生产的。

（2）滩涂养殖：在潮间带间从事海水养殖生产的。

（3）其他养殖：在高潮位线以上从事海水养殖生产的。

第 8 条　淡水养殖产量（按养殖水域分类）

按养殖水面类型不同，分为池塘、湖泊、水库、河沟、稻田及其他养殖方式。

第 9 条　部分养殖方式分类产量

1. 普通网箱

普通网箱一般由合成纤维如尼龙、聚氯乙烯等网线编织而成，装置在网箱架上。普通网箱面积均为数平方米到数十平方米。一般安置在港湾、沿岸、湖泊、水库和河沟等水域。

2. 深水网箱

深水网箱是一种大型海水网箱，主要有重力式聚乙烯网箱、浮绳式网箱和碟形网箱三种类型，具有抗风浪性能。网箱水体均为数百立方米到数千立方米。深水网箱一般安置在水深 20 米以下的海域。

3. 工厂化

工厂化养殖即按工艺过程的连续性和流水性的原则，通过机械或自动化设备，对养殖水体进行水质和水温的控制，保持最适宜于鱼类生长和发育的生态条件，使鱼类的繁殖、苗种培育、商品鱼的养殖等各个环节能相互衔接，形成一个独自的生产体系，以进行无季节性的连续生产，达到高效率、高速度的养殖目的。

第二章　水产养殖面积

水产养殖面积指在报告期内实际用于养殖水产品的水面面积，包括海水养殖面积和淡水养殖面积。在报告期内无论是否全部收获或尚未收获其产品，均应统计在养殖面积中。但有些水面不投放苗种或投放少量苗种，只进行一般管理的，不统计为养殖面积。养殖面积法定计量单位为公顷。

第 10 条　海水养殖面积

海水养殖面积指利用天然海水用于养殖水产品的水面面积，包括海上养殖、滩涂养殖、其他养殖。工厂化、深水网箱不计入养殖面积。

第 11 条　淡水养殖面积

淡水养殖面积指在淡水水域养殖水产品的水面面积，包括池塘、湖泊、水库、河沟和其他五部分。工厂化、稻田养殖不计入养殖总面积。

第 12 条　养殖面积核算

（1）海上、滩涂、池塘、湖泊、水库、河沟等方式养殖面积：按照实际使用的水面计算，计量单位为公顷。

（2）普通网箱：按照实际占用水面计算面积，计量单位为平方米。

（3）工厂化养殖：按照实际养殖水体的体积计算，计量单位为立方米。

（4）深水网箱：按照实际占用水的体积计算，计量单位为立方米。

（5）在江河、湖泊、水库投放苗种或灌江纳苗、增殖放流的水域不统计面积；湖泊、水库、河沟虽有专人管理，或有苗种投放，但人工养殖水产品起捕量不足 30% 的水面则不列入统计面积（其产量列入捕捞产量）。

第三章　渔业经济总产值

第 13 条　渔业经济总产值

渔业经济总产值指以货币表现的核算期内渔业经济活动的总产出和总成果，包括全社会渔业、渔业工业和建筑业、渔业流通和服务业。

第 14 条　渔业产值

渔业产值指以货币表现的核算期内捕捞和养殖水产品及水产苗种的总产出和总成果。具体包括人工养殖的水生动物和海藻的产值、天然水生动物和天然海藻采集的产值，即包括海洋捕捞、海水养殖、淡水捕捞、淡水养殖产品以及水产苗种的产出。其计算方法：水产品及苗种的产量分别乘以其产品的现行价格。产值数据取自同级统计部门。

第 15 条　渔业工业和建筑业产值

渔业工业和建筑业产值指以货币表现的核算期内全社会从事水产品加工业、渔用机具制造业、渔用饲料工业、渔用药物制造业、渔业建筑业等的产出和成果。

水产品加工业产值等于加工产品量乘以现行价格。

渔用机具制造业产值等于渔船渔机修造业、渔用绳网制造业和其他设备制造业的产值之和；其产值计算方法主要采用"工厂法"计算。

渔用饲料工业产值主要采用"工厂法"。

渔用药物制造业产值取同级相关部门统计年报表中的有关数据。

渔业建筑业产值计算方法是从建筑产品所有方的建筑工程造价角度入手，依据投资完成额计算。

第 16 条　渔业流通和服务业产值

渔业流通和服务业包括渔业流通业、渔业（仓储）运输业、休闲渔业、渔业文化教育、科学技术和信息等产值。

渔业流通业产值以营业额来计算。

渔业（仓储）运输业产值即营业收入。

休闲渔业产值包括涉渔的一切旅游服务业产值，以营业额计算。

渔业文化教育、科学技术和信息等产值根据财政部门"一般预算支出决算明细表"和有关资料进行推算。

第 17 条　计算总产值的价格

按当年价格计算。

当年价格就是当年出售产品时的实际价格。水产品当年价格以各地渔业生产单位初次出售价格的平均价格为依据；工业产品以报告期内的产品出厂价格为当年价格；商业以零售价格为当年价格。

第四章　渔业船舶拥有量

第 18 条　渔业船舶

渔业船舶指在中华人民共和国从事渔业生产的船舶以及为渔业生产服务的船舶。渔业船舶按有无推进动力分为机动渔业船舶和非机动渔业船舶；按生产性质分为生产渔船和辅助渔船。

国内海洋捕捞渔业船舶转为远洋渔业船舶的当年，应纳入远洋渔业船舶统计范围，而不应纳入国内渔船统计范围。

第 19 条　机动渔业船舶

机动渔业船舶指依靠本船主机动力来推进的渔业船舶，分为渔业生产船和渔业辅助船。

渔业生产船是直接从事渔业捕捞和养殖活动的船舶统称。从事捕捞业活动的渔船为捕捞船，从事养殖业活动的渔船为养殖船。捕捞船，按主机总功率分为 441 千瓦（含）以上、44.1～441 千瓦、44.1 千瓦（含）以下三类；按船长分为 24 米（含）以上、12（含）～24 米、12 米以下三类；按作业方式分为拖网、围网、刺网、张网、钓业和其他六类（有关解释请参照第 6 条的相关内容）。

渔业辅助船是从事各种加工、贮藏、运输、补给、渔业执法等渔业辅助活动的渔业船舶统称。渔业辅助船包括水产运销船、冷藏加工船、油船、供应船、科研调查船、教学实习船、渔港工程船、拖轮、驳船和渔业行政执法船等。其中，捕捞辅助船指水产运销船、冷藏加工船、油船、供应船等为渔业捕捞生产提供服务的渔业船舶。钓业、围网等作业渔船中的子船纳入捕捞辅助船统计范围。

机动渔业船舶的统计单位包括艘、总吨、千瓦。

"艘"按船舶单元计算。子母式作业船应分别统计。

"总吨"按船舶全部容积计算，即每 2.83 米^3 为 1 总吨。

"千瓦"按主机总功率计算。主机总功率是指所有用于推进的发动机持续功率总和，1 马力等于 0.735 千瓦，对经过增压的发动机，应按增压后的功率计算。

第 20 条　非机动渔船

非机动渔船指无配置机器作为动力，依靠人力、风力、水力或其他船只带动的渔业船舶，包括风帆船、手摇船等。

第五章　渔业灾情

第 21 条　渔业灾情

渔业灾情指由于遭受台风（洪涝）、病害、干旱、污染和其他灾害而造成水产品产量减少、苗种损失、设施损坏、水域污染以及人员伤亡等。

水产品损失指由于灾害造成的水产品损失数量和金额。

受灾养殖面积指由于灾害造成水产品产量损失在 10％以上的养殖面积。

渔业设施损毁指由于台风（洪涝）造成池塘、网箱（鱼排）、围栏、渔船损坏或沉没、堤坝、泵站、涵闸、码头、护岸、防波堤、工厂化养殖厂及苗种繁育场等被毁，从而造成的渔业设施毁坏的数量和金额。

人员损失指由于灾害而造成人员失踪、死亡和重伤的人数。

第六章　渔业人口与渔业从业人员

第 22 条　渔业乡、渔业村

在农村中，凡以渔业为主，从事渔业生产与经营的人员占全部从业人员 50％以上或渔业产值占农业产值 50％以上的乡、村，即为渔业乡和渔业村；达不到上述标准的，但一直是以渔业为主，并经上级主管部门批准定为渔业乡、渔业村的，亦可统计为渔业乡和渔业村。

第 23 条　渔业户

渔业户指农（渔）村和城镇住户中主要从事渔业生产与经营的家庭。凡家庭主要劳动力或多数劳动力从事渔业生产与经营的时间占全年劳动时间 50％（6 个月）以上或渔业纯收入占家庭纯收入总额 50％以上者，均可统计为渔业户。

第 24 条　渔业人口

渔业人口指依靠渔业生产和相关活动维持生活的全部人口。包括实际从事渔业生产和相关活动的人口及其赡（抚）养的人口。具体包括：

（1）直接从事渔业生产和相关活动的在业人口。

（2）兼营渔业和其他非渔业劳动者中，凡从事渔业生产和相关活动的时间全年累计达到或超过 3 个月者，或者虽全年累计不足 3 个月，但渔业纯收入占纯收入总额比重超过 50％者。

（3）由从事渔业生产和相关活动的人口赡（抚）养的人口。

（4）在既有渔业劳动者又有非渔业劳动者的家庭中，根据渔业与非渔业纯收入比例分摊的被渔业劳动者赡（抚）养的人口。

渔业人口中的传统渔民：指凡渔业乡、渔业村的渔业人口均可称为传统渔民。

第 25 条　渔业从业人员

渔业从业人员：指全社会中 16 岁以上，有劳动能力，从事一定渔业劳动并取得劳动报酬或经营收入的人员。

渔业专业从业人员：全年从事渔业活动 6 个月以上或 50％以上的生活来源依赖渔业

活动的渔业从业人员。

渔业兼业从业人员：全年从事渔业活动 3～6 个月或 20％～50％的生活来源依赖渔业活动的渔业从业人员。

渔业临时从业人员：全年从事渔业活动 3 个月以下或 20％以下的生活来源依赖渔业活动的渔业从业人员。

第七章　远洋渔业

第 26 条　远洋渔业产量和远洋渔船

远洋渔业产量：由各远洋渔业企业和各生产单位按我国远洋渔业项目管理办法组织的远洋渔船（队）在非我国管辖水域（外国专属经济区水域或公海）捕捞的水产品产量。中外合资、合作渔船捕捞的水产品只统计按协议应属于中方所有的部分。

远洋渔船：按上述办法、协议，在上述水域进行常年或季节性生产的渔船。

第八章　水产苗种

第 27 条　苗种

鱼苗：卵黄囊基本消失，鱼鳔充气，能平游主动摄食的仔鱼，包括人工孵化和江河湖海港湾采捕的天然鱼苗。

鱼种：鱼苗经培育后，发育至全体鳞片，鳍条长全，外观具有成鱼基本特征的幼鱼，一般全长在 1.7～23.3 厘米，因出塘季节和培育期的不同，又俗称为夏花、冬片、春片、秋片、仔口和老口。

扣蟹：蟹苗经数次退皮变成外形接近蟹形的仔蟹，再经过 4～5 个月饲养培育成每千克 100～200 只左右性腺未成熟的幼蟹。

第 28 条　苗种数量统计原则

由苗种孵化或育成的单位归属统计，从他处购进或以其他方式取得苗种，不再进行统计。

第九章　水产加工业

第 29 条　水产加工企业

水产加工企业：从事水产品保鲜（保活）、保藏和加工利用的企业。

规模以上企业：年主营业务收入 500 万元以上的水产加工企业。

水产品加工能力：年加工处理水产品的总量。

第 30 条　水产冷库

水产冷库指主要用于水产品冻结、冷藏和制冰的场所，一般以低温冷藏库数作为冷库座数。

冷库的冻结能力、冷藏能力、制冰能力均指冷库建造设计的及后来改扩建新增的生产能力之和。

第 31 条　水产加工品

水产加工品指以水产品为原料，采用各种食品贮藏加工、水产综合利用技术和工艺所生产的产品，如冷冻冷藏品、腌制品、干制品、熏制品、罐头食品、各种生熟小包装食品以及鱼油、鱼肝油、多烯脂肪酸制剂、饲料鱼粉、藻胶、碘、贝壳工艺品等。

一、水产冷冻品

水产冷冻品指为了保鲜，将水产品进行冷冻加工处理后得到的产品，包括冷冻品和冷冻加工品，但不包括商业冷藏品。

冷冻品泛指未改变其原始性状的粗加工产品，如冷冻全鱼、全虾等。

冷冻加工品指采用各种生产技术和工艺，改变其原始性状、改善其风味后制成的产品，如冻鱼片、冻虾仁、冷冻烤鳗、冻鱼籽等。

二、鱼糜制品及干腌制品

鱼糜制品指将鱼（虾、蟹、贝等）肉（或冷冻鱼糜）绞碎经配料、擂溃成为稠而富有黏性的鱼肉浆（生鱼糜），再做成一定形状后进行水煮（油炸或焙烤烘干）等加热或干燥处理而制成的食品，如鱼糜、鱼香肠、鱼丸、鱼糕、鱼饼、鱼面、模拟蟹肉等。

干腌制品指以水产品为原料，经脱水（烘干、烟熏、焙烤等）或添加腌制剂（盐、糖、酒、糟）制成具有保藏性和良好风味的产品，如烤鱼片、鱿鱼丝、鱼松、虾皮、虾米、海珍干品；海蜇、腌鱼、烟熏鱼、糟鱼、醉虾蟹、醉泥螺、卤甲鱼、水生动植物调味品（虾蟹酱、蚝油、鱼酱油）等。

藻类加工品指以海藻为原料，经加工处理制成具有保藏性和良好风味的方便食品，如海带结、干紫菜、调味裙带菜等。

三、水产罐制品

水产罐制品指以水产品为原料按照罐头工艺加工制成的产品，包括硬包装和软包装罐头，如鱼类罐头、虾贝类罐头等。

四、鱼粉

鱼粉指用低值水产品及水产品加工废弃物（如鱼骨、内脏、虾壳等）等为主要原料生产而成的鱼粉。

五、鱼油制品

鱼油制品指从鱼肉或鱼肝中提取油脂并制成的产品，如粗鱼油、精鱼油、鱼肝油、深海鱼油等。

六、其他水产加工品

其他水产加工品指除上述加工产品之外的加工品统称，如助剂和添加剂（蛋白胨、褐藻胶、碘、甘露醇、卡拉胶、琼胶等）、珍珠加工品、贝壳工艺品、鱼酒、鱼奶等。

第十章　渔民家庭当年收支情况调查

第32条　渔民家庭

渔民家庭指农（渔）村和城镇家庭住户中劳动力从事养殖、捕捞或渔业苗种培育等渔业生产经营的时间合计占全年劳动时间50％以上，或渔业生产经营纯收入占家庭纯收入总额50％以上的家庭户。其中分别从事养殖和捕捞渔业生产经营符合上述标准之一的，分别统计为养殖户和捕捞户。

第 33 条　家庭常住人口数

家庭常住人口数指全年经常在家或在家居住 6 个月以上，而且经济和生活与本户连成一体的人口数。外出从事捕捞工作、居住在船上或临时性住所的人员，尽管在外居住时间在 6 个月以上，但收入主要带回家中，经济与本户连为一体，视为家庭常住人口；由本户供养的在校学生（包括大中专学生和研究生），仍视为家庭常住人口；在家居住，生活和本户连成一体的各类人员均为家庭常住人口。但是现役军人以及常年在外（不包括探亲、看病等）且已有稳定的职业与居住场所的外出从业人员，不应当作家庭常住人口。家庭常住人口不包括寄宿者、住家保姆和帮工。

第 34 条　家庭渔业从业人员人数

家庭渔业从业人员人数指家庭常住人口中从事渔业生产、销售、运输等活动累计 6 个月以上的人数。

第 35 条　家庭总收入

家庭总收入指调查期内被调查对象从各种来源渠道得到的收入总和。按收入的性质划分为家庭经营收入、工资性收入、财产净收入、转移性收入。

第 36 条　家庭经营收入

家庭经营收入指以家庭为单位进行生产经营和管理而获得的收入，包括渔业（水产品及鱼苗）收入、其他家庭经营收入。

渔业（水产品及鱼苗）收入：水产品及鱼苗用于市场交易的现金收入或自产自食的实物收入。市场交易的现金收入等于交易的水产品及鱼苗或与水产品有关的劳务活动量乘以市场价格，只要交易发生，包括现款和应收款都要计算为收入；自产自食的实物收入，按自食水产品数量乘以相应水产品成本价格计算。如某个水产品的市场平均价格为 10 元/千克，用于计算该水产品市场交易的现金收入；成本价格为 6 元/千克，用于计算自产自食的该水产品实物收入。

其他家庭经营收入：渔民家庭自主经营的除渔业外的其他行业，如种植业、畜牧业、林业等第一产业，或从事二三产业所取得的经营收入。第一产业的收入包括现金和实物两个部分，计算方法与渔业收入类似，二三产业只计算现金部分。

第 37 条　工资性收入

工资性收入指渔民家庭中从业人员通过各种途径得到的全部劳动报酬和各种福利，包括在渔业生产劳动中获得的工资和在其他行业劳动中获得的工资。

工资的形式包含计时计件劳动报酬、奖金、津贴，以及单位代个人缴纳的养老保险、医疗保险、失业保险，房租费、水电费、托儿费、医疗费等，单位定期或不定期发放过节费、调动工作的安家费、相当于现金的通用购物卡、免费或低价提供的实物产品和服务折价、工作餐补贴折价，零星或兼职劳动中得到现金、实物补贴折价等，还包括股份制企业派发或奖励给员工的股票和期权。

工资按照收付实现制计算，只要是在调查期内实际得到的工资，无论该工资是补发还是预发，都应归为本期得到的工资收入。本调查期内应得但因拖欠等原因未得到的工资不应计入。

工资不包括因员工或员工家属大病、意外伤害、意外死亡等原因支付给员工或其遗属的抚恤金和困难补助金，应该将其列入转移性收入中的社会救济和补助收入。

第38条　财产净收入

财产净收入指渔民家庭住户或成员将其所拥有的金融资产、住房等非金融资产和自然资源交由其他机构单位、住户或个人支配而获得的回报并扣除相关的费用之后得到的净收入。财产净收入包括利息净收入、红利收入、储蓄性保险净收益、转让承包土地或水面经营权租金净收入、出租房屋净收入、出租其他资产净收入等。

利息净收入指利息收入扣除该住户或个人付给债权方的生活性借贷款利息支出后得到的净值。利息收入指按照双方事先约定的金融契约条件，借出金融资产（存款、债券、贷款和其他应收账款）的住户或个人从债务方得到的本金之外的附加额。利息收入是应得收入，包括各类定期和活期存款利息、债券利息、个人借款利息等，银行代扣的利息所得税也包括在内。

红利收入指住户或个人作为股东将其资金交由公司支配或处置而有权获得的收益。红利收入包括股票发行公司按入股数量定期分配的股息、年终分红以及从集体财产入股或其他投资分配得到的股息和红利。股票买卖结算后获得的收益（含亏损）不包含在内。

储蓄性保险净收益指住户或个人参加储蓄性保险，扣除缴纳的保险本金及相关费用后，所获得的保险净收益。不包括保险责任人对保险人给予的保险理赔收入。

转让经营权租金净收入指住户将拥有经营权或使用权的土地或水面转让给其他机构单位或个人获得的补偿性收入扣除相关成本支出后得到的净收入。也包括从其他机构单位或个人获得的实物形式的收入。

其他财产净收入指住户所得的除上述以外的其他财产性收入扣除相关的维护成本之后得到的净收入。如出租房屋净收入、出租其他资产（生产用房、机械设备、专利、专有技术、商标等有形或无形资产）净收入；还包括通过在国外购买的土地、矿产等自然资源获得的财产净收入等。

第39条　转移性收入

转移性收入指国家、单位、社会团体对住户的各种经常性转移支付和住户之间的经常性收入转移。转移性收入包括养老金或退休金、社会救济和补助、政策性生产补贴、政策性生活补贴、经常性捐赠和赔偿、报销医疗费、住户之间的赡养收入以及本住户非常住成员寄回带回的收入等。

转移性收入不包括住户之间的实物馈赠。

养老金或离退休金指根据国家有关文件规定或合同约定，在劳动者年老或丧失劳动能力后，根据他们对社会、单位所作的贡献和所具备的享受养老保险资格或退休条件，按月以货币形式或实物产品及服务给予的待遇，主要用于保障因年老或疾病丧失劳动能力的劳动者的基本生活需要。养老金或离退休金包括离退休人员的养老金或离退休金、生活补贴，农民享有的新型农村养老保险金，城镇居民享有的社会养老保险金，国家或地方政府给予城镇无保障老人的养老金，因工致伤离退休人员的护理费，退休人员异地安家补助费、取暖补贴、医疗费、旅游补贴、书报费、困难补助以及在原工作单位所得的各种其他收入，相当于现金的购物卡券也包含在内，发给的实物和购买指定物品的票证、购物卡券，应同时计入相应的实物产品和服务项目中。

　　社会救济或政策性生活补贴包括两部分，一是社会救济和补助，指国家、机关企事业单位、社会团体和个人对各类特殊家庭、人员提供的特别津贴，包括国家对享受城镇居民最低生活保障待遇的家庭发放的最低生活保障金、对农村五保户发放的五保救助金、国家和社会及机构单位对特殊困难家庭给予的困难补助、扶贫款、救灾款、国家或机构单位向由于失去工作能力或意外死亡等原因而失去工作的职工或其遗属定期发放的抚恤金等，发给的实物和购买指定物品的票证、购物卡券，应同时计入相应的实物产品和服务项目中。二是政策性生活补贴，指根据国家的有关规定，中央财政、各级地方财政给予家庭的相关政策性生活补贴，包括家电下乡和以旧换新等家电补贴、能源补贴、给农村寄宿制中小学生的生活补贴等，也包括其他低价或免费提供的实物产品和服务，如廉租房等。

　　生产补贴（惠农补贴）指国家为扶持农业进行的相关生产补贴，如农业支持保护补贴、购置和更新大型农机具补贴、退耕还林还草补贴、畜牧业补贴、非农业生产经营补贴等。生产补贴（惠农补贴）包括经营渔业的生产性补贴和经营其他产业的生产性补贴。在渔塘改造中，如果是以渔民家庭为主进行投入建设，得到了政府补贴，计入渔民得到的政策性生产补贴；如果是政府直接奖励或投入改造建设，则按相关市场价格计入生产性固定资产。

　　注意：为了方便资料采集，此项补贴在问卷中单列出来，并未列在转移性收入项下。在问卷加总时，将其计入转移性收入。

　　外出从业人员寄回带回收入指在外（含国外）工作的本住户非常住成员寄回、带回的收入。无论是以现金、汇款、转账、银行卡共享等任何形式寄回、带回的收入，都应计入。

　　赡养收入指亲友因赡养和抚养义务经常性给予住户及其成员的现金和实物收入。

　　其他经常转移收入指住户从除上述各项转移性收入以外得到的其他经常性转移收入。如报销医疗费、经常性捐赠收入、经常性赔偿收入、失业保险金、亲友搭伙费等。

　　报销医疗费指参加新型农村合作医疗、城镇职工基本医疗保险、（城镇）居民基本医疗保险、城乡居民大病保险的居民在购买药品、进行门诊治疗或住院治疗之后，从社保基金或单位报销的医疗费。报销医疗费属于一种实物收入。报销医疗费包括使用社保卡进行医疗服务付费时直接扣减的、由社保基金支付的部分。从商业医疗保险获得报销的医疗费不包括在内。

　　经常性捐赠收入指住户从他人、组织、社会团体处得到的经常性捐献或赠送收入。这种捐赠收入带有义务性和经常性，不包括遗产及一次性馈赠收入、婚丧嫁娶礼金所得、压岁钱等。捐赠收入与赡养收入的区别：赠送是对本住户的成员无赡养义务的其他住户或个人给本住户及其成员的现金。本住户成员内部间的捐赠收入和捐赠支出均不必记账。

　　经常性赔偿收入指住户及其成员因受到财产损失、人身伤害、精神损失得到的国家、单位、个人定期支付的经常性赔偿，不包括一次性赔偿所得。

第40条　全年总支出

　　全年总支出指渔民家庭全年用于生产、生活和再分配的全部支出。包括家庭经营费用支出、生产性固定资产折旧、税费支出、生活消费支出、转移性支出。

第41条　家庭经营费用支出

家庭经营费用支出指以家庭为单位从事生产经营活动而消费的商品和服务、自产自用产品，包括经营渔业费用支出和经营其他行业费用支出。

经营渔业费用支出包括燃料、水电及加冰费用、雇工费用、饲料费用、购买种苗费用，以及加工费用、修理费、承包或租用费等其他生产支出。其中，燃料、水电费指用于生产的，不包括用于生活的支出；修理或改造费用等，指额度在1 000元以下的日常渔需物质支出，在此价值量之上的如渔具的大修理、鱼塘清淤、改造等较大规模投入，则按量按价计入固定资产。

经营其他行业费用支出指从事除渔业经营外的其他行业，如种植业、畜牧业、林业等第一产业，或从事二三产业经营的支出。其计算方法参考经营渔业支出。

第42条　生产性固定资产原价及折旧

生产性固定资产指使用年限在两年及以上、单位价值在1 000元以上的房屋建筑物、机器设备、器具工具、役畜、产品畜等资产，其中渔业生产性固定资产包括生产用车船、精养鱼池、大型网具、防逃设施、涵闸、泵站等。

生产性固定资产原价指固定资产当初的购进价、新建价或开始转为固定资产的价值。自繁自养的幼畜成龄转作役畜、产品畜、种畜，按市场同类牲畜的平均价格计价。国家奖励和外单位赠送的固定资产按购置同类固定资产的价格参照其新旧程度酌情计价。

渔民家庭的生产性固定资产折旧按农业生产性固定资产折旧方法处理，即15年的使用期限。

第43条　税费支出

税费支出指渔民家庭以现金和实物形式缴纳的从事生产经营活动的各种税赋支出，以及承包费、一事一议款、以资代劳款、乡村提留、集资摊派等费用，包括经营渔业税费支出和经营其他产业税费支出。对于无法区分家庭产业经营活动的税费支出，按一定比例分摊。

第44条　转移性支出

转移性支出指渔民家庭或成员对国家、单位、住户或个人的经常性或义务性转移支付，包括缴纳的税款、各项社会保障支出、赡养支出、经常性捐赠和赔偿支出以及其他经常转移支出等。

个人所得税指家庭或成员被扣缴的工资薪金所得、对企事业单位的承包经营承租经营所得、个体工商户的生产经营所得、劳务报酬所得、稿酬所得、特许权使用费所得、利息股息红利所得、财产租赁所得、财产转让所得、偶然所得、经国务院财政部门确定征税的其他所得等个人所得的税款。生产税、消费税不在其内。

社会保障支出指家庭成员参加国家法律、法规规定的社会保障项目中由单位和个人共同缴纳的保障支出，包括养老保险、医疗保险、失业保险、工伤保险、生育保险以及其他社会保障支出。

赡养支出指家庭成员因赡养和抚养义务而付给亲友的经常性现金和定期的实物支出。现金赡养支出应按实际发生的金额计算，不论是从报告期收入中开支的，还是从银行存款、手存现金以及其他所得中开支的，均应包含在内。

其他经常转移支出指除缴纳的税款、社会保障支出、赡养支出以外的其他经常性转移支出。如经常性捐赠支出，经常性赔偿支出，各种罚款（如交通罚款），政府部门向居民提供服务收取的服务费（如迁户口的办理费、办理身份证费），缴纳工会费、党费、团费以及学会团体组织费等。

经常性捐赠支出指家庭或成员赠予他人的经常性和带有义务性的现金支出，包括向寺庙的经常性捐款、定期资助贫困学生或贫困地区的款项、个人对公共设施建设的各类捐款（如解困基金、水利基金、防洪基金等），但不包括以商品或服务方式给予他人的价值额，也不包括婚丧嫁娶礼金支出及一次性馈赠支出如压岁钱、探望病人给予的礼金等。经常性捐赠支出应按实际发生的金额计算，不论是从报告期收入中开支的，还是从银行存款、手存现金以及其他所得中开支的，均应包括在内。

经常性赔偿支出指家庭或成员向因受到财产损失、人身伤害、精神损失的国家、单位、个人定期支付的赔偿支出，不包括一次性赔偿支出。

第 45 条　生活消费支出

生活消费支出指渔民家庭用于满足家庭日常生活消费需要的全部支出，包括食品支出、烟酒支出、衣着支出、居住支出、生活用品及服务支出、交通通信支出、教育文化娱乐支出、医疗保健支出、其他用品及服务支出。

食品支出指渔民家庭住户购买粮、油、菜、肉、禽、蛋、奶、水产品、糖、饮料、干鲜瓜果等食品的支出，也包括在外饮食、餐馆外卖食品和其他饮食服务的支出，但不包括用于宠物食品的支出。

烟酒支出指渔民家庭住户用于烟草和酒类的支出。烟草包括卷烟、烟丝、烟叶，涵盖住户购买的所有烟草，包括在餐馆、酒吧等购买的烟草，不包括烟具。酒指用高粱、大麦、米、葡萄或其他水果发酵制成的含酒精饮料，主要有白酒、黄酒、葡萄酒、啤酒，包括低度酒精饮料或不含酒精的啤酒等。此处是指买来在家喝的酒类，不包括在餐馆、旅馆、酒吧等消费的酒（在外饮食）。

衣着支出指渔民家庭住户用于穿着的支出，包括购买服装、服装材料、鞋类、其他衣类及配件，以及衣着相关加工服务的支出。

居住支出指渔民家庭住户用于居住的支出，包括房租、水、电、燃料、住房装潢、物业管理等方面的支出。

生活用品及服务支出指渔民家庭住户的各类生活品及家庭服务的支出，包括家具及室内装饰品、家用器具、家用纺织品、家庭日用杂品、个人护理用品和家庭服务。

家具及室内装饰品包括家具、家具材料和室内装饰品。

家用器具包括家庭使用的各种耐用消费品和小家电。

耐用消费品指家庭使用的各类大型器具和电器，包括冰箱、冷饮机、空调、洗衣机、吸尘器、干衣机、微波炉、洗碗机、消毒碗柜、炊具、炉灶、热水器、取暖器、保险柜、缝纫机等，不包括文娱用家电（计入文娱耐用消费品）。

小家电指各种小型家用电器，包括榨汁机、烤面包炉、酸奶机、烫斗、电水壶、电扇等。

家用纺织品包括床上用品、窗帘、门帘和其他用棉、毛、丝及合成纤维等材料纺织或针织而成的物品，不包括挂毯（室内装饰品）、地毯（室内装饰品）、汽车布罩（交通工具使用及维修）、睡袋（其他文娱用品）。

家庭日用杂品指除家具、室内装饰品、各种家庭设备和电器、家用纺织品以外的各类家庭日用品，包括洗涤及卫生用品、厨具、餐具、茶具、家用手工工具和其他日用品。

个人护理用品指用于个人的护理电器、卫生用品、美容产品、个人护理用具以及其他个人护理用品。个人护理用品包括牙膏、牙刷、刮胡刀（手动、电动）、指甲剪（刀）等，也包括胭脂、粉饼、指甲油、洗面奶、润肤霜、爽肤水、唇膏、眉笔、香粉、香水、头油、摩丝、定型水、焗油膏、倒膜膏、染发用品等，以及婴儿尿布、卫生巾、药棉、棉签等其他用品。

家庭服务指家政服务支出及家庭设备用品的加工维修费用。

交通通信支出指渔民家庭户用于交通和通信工具及其相关的各种服务费、维修费和车辆保险等支出。

交通工具包括家用汽车、摩托车、自行车及其他家庭交通工具，不包括经营用交通工具。

交通费包括乘坐各种交通工具（如飞机、火车、汽车、轮船等）所支付的交通费以及用于车辆使用的燃料费、停车费、维修费、车辆保险等，不包括因公出差暂由个人垫付的交通费。

通信工具包括固定电话机、移动电话机、寻呼机、传真机等。

通信服务费包括电话费、电话初装费、入网费、电信费、邮费等。

教育文化娱乐支出指渔民家庭户用于教育和文化娱乐方面的支出。

教育支出包括学杂费、培训费、赞助费、一揽子教育服务、教育用品支出等。

文化娱乐支出包括用于文娱耐用消费品、其他文娱用品和文化娱乐服务的支出。

文娱耐用消费品支出包括各种音像、摄影和信息处理设备（如彩色电视机、照相机、摄像机、组合音响、家用计算机）支出，也包括中高档乐器、健身器材等支出，还包括文娱耐用消费品的零配件和维修支出。

其他文娱用品支出包括除教材及参考书以外的各种书报杂志及音像制品、文具纸张、体育户外用品、玩具、用于花鸟虫鱼等业余爱好的相关用品、宠物及宠物用品等其他文娱用品支出，也包括以上文娱用品的维修支出。

文化娱乐服务支出指和文化娱乐活动有关的各种服务费用。包括团体旅游、景点门票、体育健身活动、电影、话剧、演出票、有线电视费以及其他文化娱乐服务支出。

医疗保健支出指渔民家庭户用于医疗和保健的药品、用品和服务的总费用，包括医疗器具及药品，以及医疗服务的支出。

医疗器具及药品包括药品、滋补保健品、医疗卫生器具及用品和保健器具。

医疗服务包括门诊和住院的医疗总费用。其中包括从各种医疗保险或其他医疗救助计划中获得的医药费和医疗费的报销款额。报销医疗费应按收付实现制记录，即仅当医疗费报销到手时才计入。

其他用品及服务支出指无法直接归入上述各类支出的其他个人用品与服务支出。

其他个人用品包括首饰、手表和其他杂项用品。

其他服务包括旅馆住宿费、美容美发洗浴、其他杂项服务，如迷信服务费、丧葬费、请律师的诉讼费、公证费、房地产中介服务费等。

第46条　家庭纯收入和渔业纯收入

家庭纯收入指渔民家庭在调查期内从各种来源得到的总收入相应地扣除所发生的费用后的收入总和。纯收入主要用于再生产投入和当年生活消费支出，也可用于储蓄和各种非义务性支出。渔民人均纯收入指按人口平均的纯收入，反映的是一个地区或一个渔民家庭的居民平均收入水平。计算方法：

家庭纯收入＝家庭总收入－家庭经营费用支出－生产性固定资产折旧－税费支出

渔业纯收入＝渔业经营（出售水产品）收入＋从事渔业所获得的工资性收入＋渔业生产补贴－渔业经营费用支出－渔业固定资产折旧－渔业税费支出

第47条　可支配收入

可支配收入指渔民家庭户可用于最终消费支出和储蓄的总和，即可以用来自由支配的收入。可支配收入既包括现金，也包括实物收入。本调查按照收入的来源，可支配收入包含四项，分别为：工资性收入、经营净收入、财产净收入、转移净收入。计算公式为：

可支配收入＝工资性收入＋经营净收入＋财产净收入＋转移净收入

其中：

经营净收入＝经营收入－经营费用－生产性固定资产折旧－税费支出

转移净收入＝转移性收入－转移性支出

第48条　渔民家庭收支调查台账首页及问卷

渔民家庭收支调查台账是用于采集渔民家庭收支情况基础数据的方法。在调查户中建立台账首页，按一定时间将发生收支情况通过问卷访问进行记录，由县级渔业统计人员按时间要求，直接或通过村干部或村农业技术员收集或调查。本台账首页及问卷为参考表样，各地可根据实际情况自行设计，方便渔民理解。在台账首页中需要一次性填写的内容包括样本户地址及代码、居住房屋面积和估价、拥有大型网具价值、养殖面积、机动渔船数量、功率和吨位等。

样本户地址及代码指渔民家庭收支调查样本户的居住地址，按省（自治区、直辖市）、地、县、乡、村的行政地址填写，代码是国家统计局公布的标准代码（12位）。村内的样本户按自然顺序编码。样本户所在的行政区划名称发生改变，但尚未获得国家标准名称和代码的，原地址和代码不变，可在备注中说明。

居住房屋面积指住宅用于生活居住的建筑面积，应扣除住宅中非生活居住（出租、生产或商用）的建筑面积。

建筑面积以房屋产权证或租赁证为准，也可按使用面积乘以1.333计算得出。如果没有相应证明，则由调查员根据本住宅或类似住宅判断填写。建筑面积应填写整数，不为整数时应四舍五入。

居住房屋的估价指居住房屋建筑本身的市场估值，仅包含建筑物本身的价值，不包含宅基地的价值。市场估值主要由调查员辅助住户进行填报。按农村地区的住宅市场估值方法进行估价，调查员预先了解本地区目前平均的房屋建造成本，并将这些信息提供给调查户。针对某个具体住宅，首先估计目前如果要建造同类住房所需要的成本，然后按照30

年折旧的期限，根据住宅的建筑年份对剩余的价值进行折算。例如，农村的一栋两层小楼，于 1997 年建成，已经使用了 15 年。目前建造同类住房的成本约为 20 万元，则按照 30 年的折旧期限，目前该住宅的价值为 10 万元。如果住宅的使用年限已经超过 30 年，则根据住宅目前的实际情况酌情进行估价。对于竹草土坯房，原则上住宅的市场估值不超过 5 000 元。